大師如何設計

205種魅力裝潢隔間提案

ザ・ハウス（The House）著

瑞昇文化

CONTENTS

Chapter 1 打造理想的房間

1-1 LDK

1-2 房間

CONTENTS

Chapter 2

講究細部設計

2-1 窗戶

2-2 用水空間

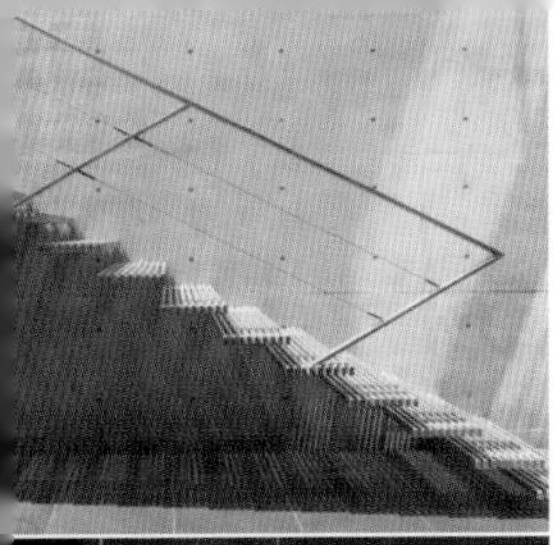

2-3 樓梯

2-4 固定式家具

CONTENTS

Chapter 3 決定住宅的調性

3-1 玄關・入口通道

3-2 外觀

3-3 半室外空間

攝影（五十音順，括弧內為頁數）
Akinobu Kawabe（26,89,115上,135上,170,193上）/
Ippei Shinzawa（30,168）/
KantaOFFICE 牛尾幹太（16,132下,182,187）/
淺川敏（29下,64,65,83上左,
83下,119上,160下,177下左）/
石井雅義（37上右,37下,176）/
上田 宏（23,68,88,136上,205,209）/
太田拓實（214下）/
新建築寫真部（14,15）/
鈴木研一（87,114上,213）/
田中宏明（32,112,123,132上,195下,211下,218）/
鳥村鋼一（20,25,38,48,49,51,54,55,59上,78,79,
85,90,93,98,99,108,109,121,130下,131下,154,
163上,169,171,183,192,193下,206,212上）/
中川敦玲（22上,58上,164上,203下）/
ナカサアンドパートナーズ金子美由紀（80下,81）/
西川公朗（12,13,36,50,56,58下,59下,62,86,
100,101,106,107,111,124,129上,149,150,158,
159,184,185,207,210,221上）/
野瀨勝一（137下）/
檜川泰治（34下,37上左,63下,116上,127,129下,
164下,177上,188中下,196下,198上,201下,203上）/
平井廣行（84,115下,130上,156,208）/
Forward Stroke（95上,148,212下）/
吉田 誠（10,11,19,61,67上左,67下,82,92,
146,147,151下,152上,153,190上,220下）/
吉村昌也（28,137上）/
矢野紀行（17,18,53,95下,114下,131上,133上,
134上,144,145,157,161,17,172,186,196上,219）

Cover：設計＝MDS一級建築師事務所、HATTAYUKIKO
攝影＝中村繪

文字：藤城明子、增田知沙
設計：米倉英弘＋成富チトセ（細山田デザイン事務所）
製圖：長谷川智大、關戶奈央、古賀陽子

Chapter 1
打造
理想的房間

1-1
LDK
家人團聚的場所

在打造住宅的時候，
大多數的人都是從LDK開始設計的。
本章將介紹住宅中
最舒適空間的成功案例。

在我家的特等席上享受櫻花美景

建築概要
基地面積／259.05㎡
總樓地板面積／171.20㎡
設計／LEVEL Architects
案名／東武動物公園的二代住宅

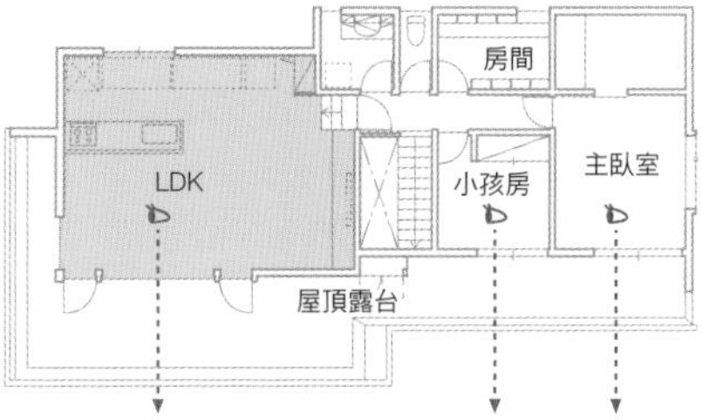

本案為櫻花樹群近在眼前的2代住宅。為了能將美景發揮極致，在客廳設置了最大尺寸的雙面玻璃窗。並且在避開鄰宅視線範圍內的轉角也設置了玻璃窗，享受更寬敞的美景。

在客廳的前方設置陽台，擁抱眼前櫻花景色。在這個空間裡，不論從哪個角度都能欣賞延綿不絕的櫻花樹群。欄杆使用寬幅較寬的木材製成，可用來放置啤酒等物品。

客廳的胡桃木桌是特別訂製的。客廳地板使用銀蕨木，甲板露台則是使用防腐處理的杉木板。

控制落地窗框的高度不與天花板同高，刻意壓低高度讓美景彷彿更近在眼前。

在現代風的空間裡 添加一抹和風之美

建築概要
基地面積／293.31㎡
總樓地板面積／174.30㎡
設計／APOLLO
案名／Le 49

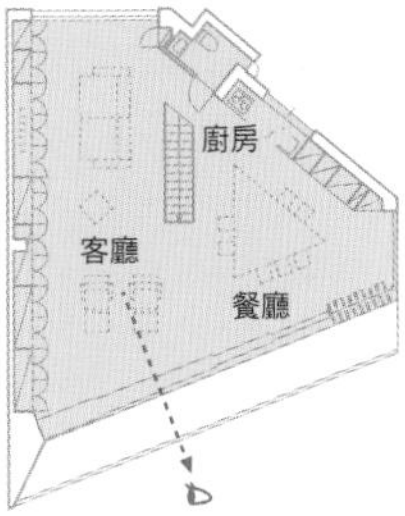

原本居住在都市大樓裡的夫婦兩人，因為對相模灣的絕景一見鍾情而購入了這塊土地。並希望在新家設計一個充滿和風之美的現代空間，展示給從世界各地來訪的客人。

最大的特色是由鋼鐵內裡及木造屋樑所組成的五角形大屋頂。如果將拉門打開，便能和周圍豐富的大自然連接，將美麗的景緻帶入室內。

細緻的細部構造，為客廳空間更增添一層美感。將正面的玻璃拉門打開後，相模灣的絕景瞬間映入眼簾。

在現代感的空間內，增添和風之美氣息的設計。彷彿渡假飯店般的空間。

在住宅中心設置中庭，成為一個彷彿連續著客廳的空間，也將上下樓彼此連結起來。不管在家中哪個角落都能感受到彼此的氣息。

和中庭相連的度假風LDK

建築概要
基地面積／125.57㎡
總樓地板面積／117.16㎡
設計／八島建築設計事務所
案名／上荻的家

屋主期望有一個充滿度假氣氛的寬敞客廳。為了能在周圍被鄰宅包圍的基地上，同時確保開放感與隱私，於是決定實施中庭住宅的設計。

將客廳置於中間，並於兩側各設置一中庭。透過整面窗戶將客廳和餐廚空間連結，並將中庭和室內空間當作同一個空間使用。設置木製的門框，大面積的開口部打造出充滿柔和氛圍的溫馨住宅。

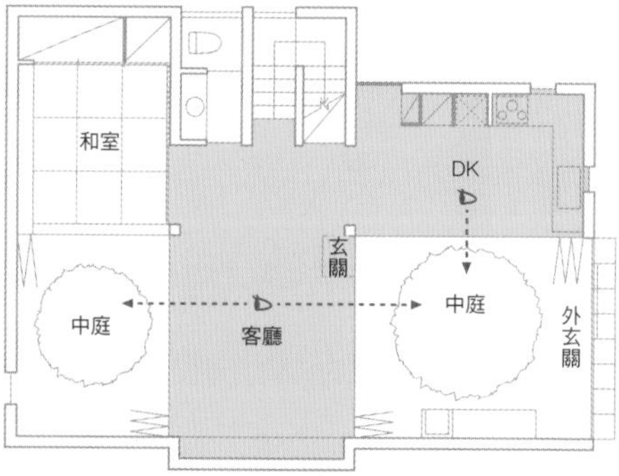

超越一般住宅規模的超大面積窗戶。使用充滿木頭質感的木製窗框，使地板和甲板彼此融合，打造出一個柔和的空間。

東西側窗讓室內一整天充滿陽光

光線也從高側窗灑落客廳。白色牆壁使空間整體更顯明亮。

建築概要
基地面積/255.41㎡
總樓地板面積/139.03㎡
設計/奧野公章建築設計室
案名/六日町的家

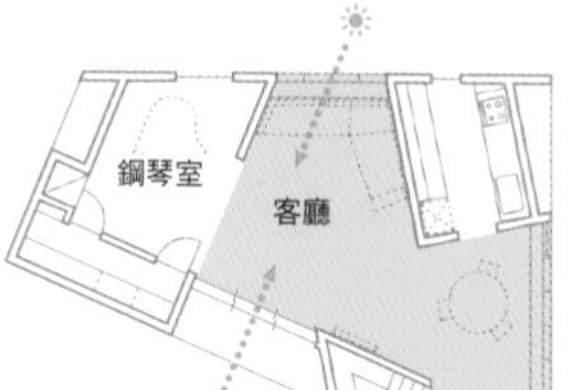

利用溫室用框架和雙層聚碳酸脂板為框架，天然羊毛和氣密板當作夾層，製作成木製障子※。

家族的每個人都有自己的嗜好，為了能讓彼此保持適度的生活距離，並且實現冬天也能有明亮舒適的生活，於是打造出以「3個塔」的個人空間和「充滿光線的客廳」為主題的住宅。

充足的光線從東西側的窗戶照入客廳，根據時間的推移變化，光線的移動為客廳注入了多樣的表情。透過面向南側的窗戶欣賞自然美景，成為一個能夠享受屋外氣氛的空間。

※障子：日式傳統建築裡，將拉門上的格子貼上透光的紙或布，柔化進入室內的光線。

在地下室也能擁有開放感的客廳

基地的南側與西側都分別面向私人道路。而且基地周圍被鄰宅包圍著，然而屋主的期望是「不想為了確保隱私而犧牲客廳的採光」。

於是將客廳配置在地下樓層，解決了這個問題。透過外牆眺望藍天與街道，打造出悠閒寬敞的空間。

建築概要
基地面積/150.86㎡
總樓地板面積/207.74㎡
設計/MDS一級建築士事務所
案名/目白的家

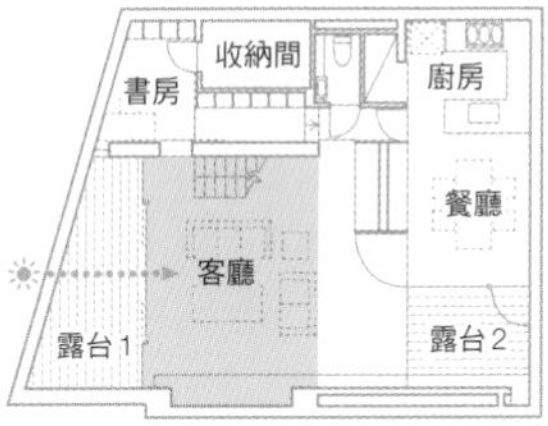

挑高和開放式的樓梯連接上下樓，讓住宅整體成為一個連續空間。完全不會令人感到地下室的閉塞感，打造出一個寬敞舒適的開放空間。

用布柔和地將平房隔間

建築概要
基地面積／102.68㎡
總樓地板面積／117.18㎡
設計／MDS一級建築師事務所 HATTAYUKIKO 案名／POJAGI的家

這個是一間以一種韓國傳統拼布「褓子器（Pojagi）」為主題的家。為了能柔和地將寬敞的平房隔間，使用了室內設計師屋主自己設計的褓子器（Pojagi）拼布，設置了有如採光拉門般的可動式布簾。

偶爾將布簾關上當作小房間使用、偶爾拉開布簾成為一個寬敞空間，將日本傳統的「連續空間」概念進化成一個充滿樂趣的空間。

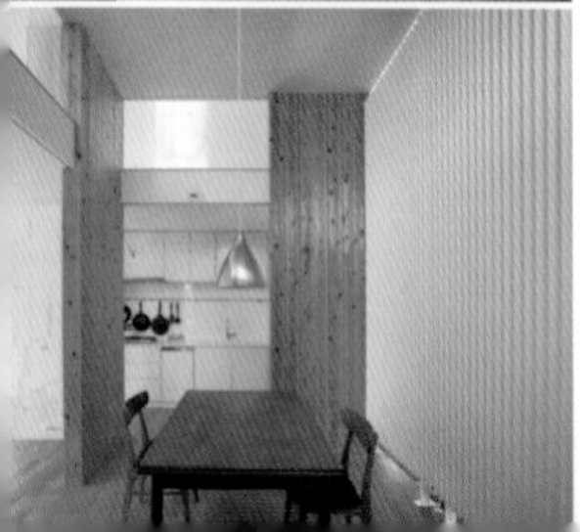

褓子器布簾開放的狀態。將客廳、餐廳與戶外連成一體，成為一個心境開放、通風的開放式空間。

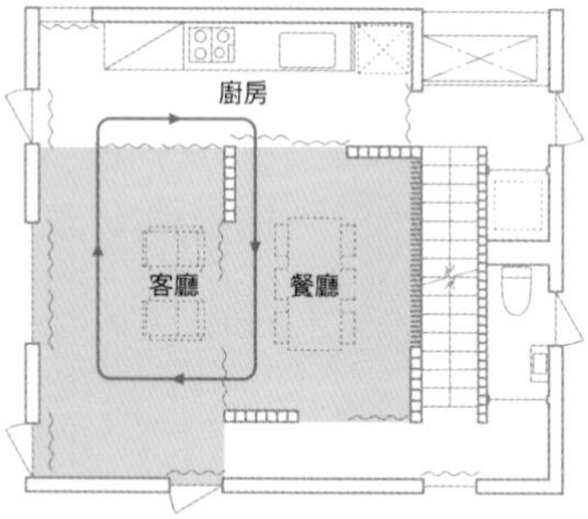

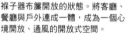

將噪音和採光的問題一次解決！

基地位於四面緊鄰他宅的密集住宅區。為了解決車子的噪音問題，以及打造出明亮的ＬＤＫ，決定在住宅內配置中庭。

在客廳的東西兩側分別配置高低不同的中庭。雖然南側完全沒有設置開口部，但充足的光線透過兩側的中庭進入屋內，即使多雲的天氣也有明亮舒適的空間。

另外，將住宅緊緊包圍的外牆具有提高隔音效果的作用。打造成靜謐卻又能享受美麗景色的住宅空間。

建築概要
基地面積／120.96㎡
總樓地板面積／111.46㎡
設計／ LEVEL Architects
案名／八雲的住宅

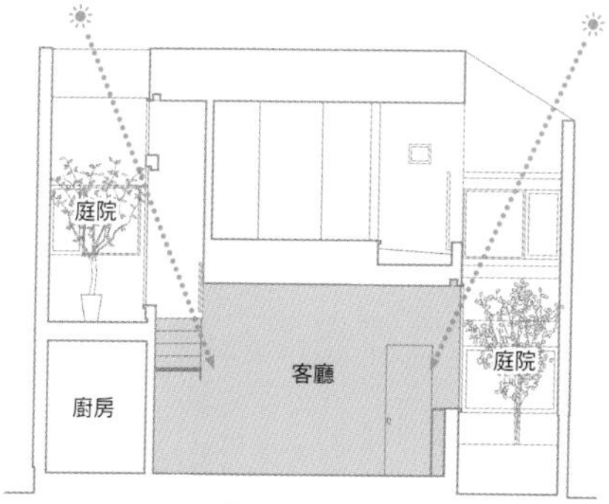

刻意在面向中庭的窗框上設置柱子。超大的窗框有如畫框般框住屋外的美景。

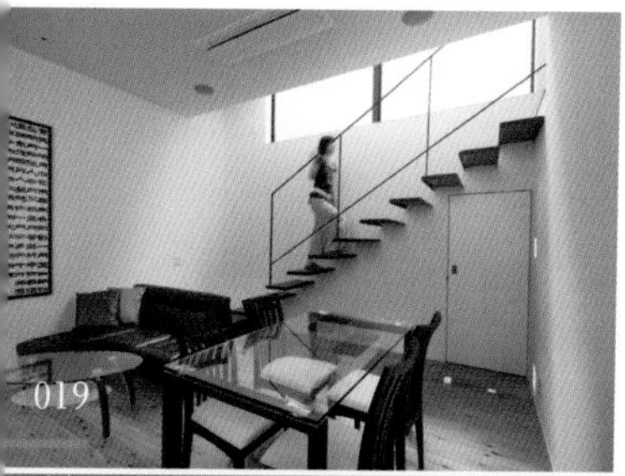

在不方正的客廳裡打造出高低差

餐廳和客廳是一個連續的自由空間。為了避免寬敞的空間過於單調，於是在各處設置了高低差，為空間增添高低起伏的變化。

地板材料是使用觸感佳的杉木地板，賦予空間自然的調性，牆壁則是白色AEP塗裝，室內裝潢以簡單為基調。另外，自然光線透過非正方形的窗戶進入室內，再經由斜面牆壁和天花板的折射，營造出變化豐富的空間。

建築概要
基地面積／170.80㎡
總樓地板面積／166.26㎡
設計／石井秀樹建築設計事務所
案名／砧的家

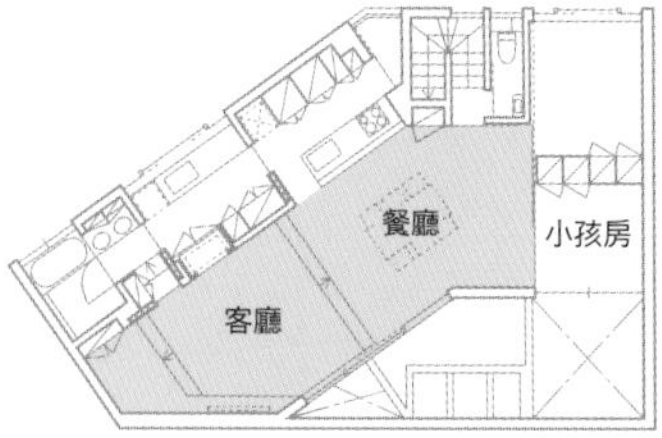

藉由地板高低差產生的小角落，以及斜面牆壁或天花板使光線折射，為寬敞的一大空間裡增添豐富的變化。從變形窗戶進入的光線也是一大特色。

光線灑落變化豐富的白色房間

基地位於北側有一排櫻花樹，南側緊鄰他宅的住宅區上。在客廳南側設置高側窗確保採光，而北側則是設置和天花板同高的玻璃窗，確保隱私的同時又能享受到極致的櫻花景色。

室內統一白色系裝潢，但是藉由各種不同的白色素材，營造出雅致的空間調性。

建築概要
基地面積／55.60㎡
總樓地板面積／100.75㎡
設計／ LEVEL Architects
案名／門前仲町的家

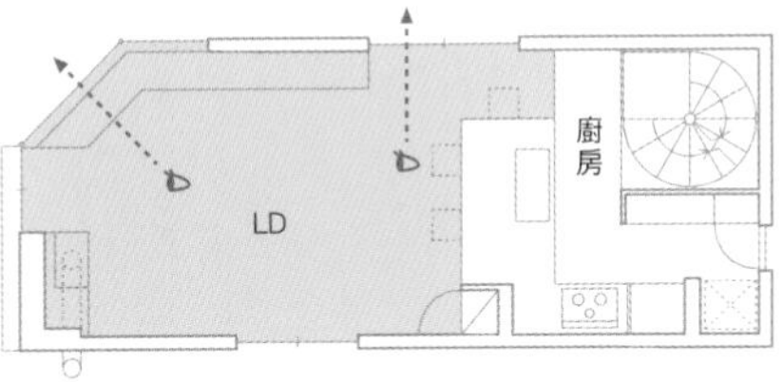

客廳天花板高度為2.9m。廚房和餐桌為原創的一體化設計，流理台可以蓋上蓋子變成平台。

藉由窗戶配置和藍天與光線遊玩的客廳

兼具防盜功能和欣賞周邊綠意的窗戶設計。刻意將窗戶高度設計成不等高，營造出具有節奏感的空間。

建築概要
基地面積／152.97㎡
總樓地板面積／104.4㎡
設計／都留理子建築設計STUDIO
案名／生田H邸

這是一個鄰接公園綠地的4人家族住宅。屋主希望客廳越大越好，於是配置了一個悠閒寬敞的空間。

住宅由兩種不同尺寸的長方體組成，其中在天花板較高的空間配置客廳。而另外一個空間則配置餐廳、廚房和工作室。地板由正方形的拼接木地板組成。藉由兩個箱體的連接，使空間充滿新鮮的開放感。

盡量減少固定窗的框架，讓窗戶彷彿畫框般點綴室內。地板使用賦予室內溫暖氣氛的棋盤格拼接設計。

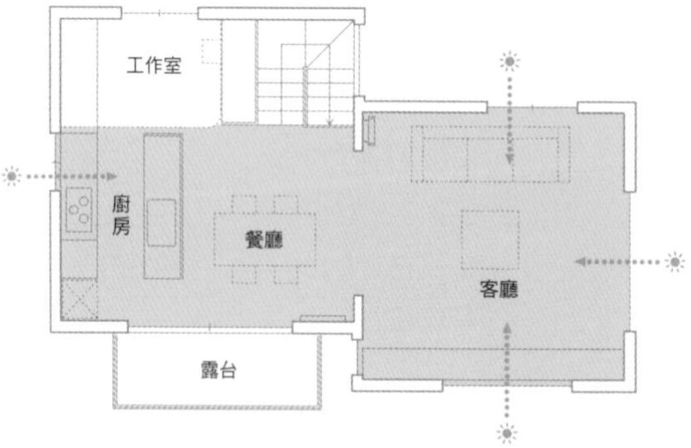

眺望森林的「く字形住宅設計」

此住宅採用了不論是從客廳或是餐廳都能眺望森林景色的「く字形」計畫。即便設置大面積的窗戶，也不用在意由鄰家或是道路而來的視線，所打造出開放式的住宅空間。

刻意設計出非直線的住宅，賦予視野變化感，並且強調餐廳和客廳各自的獨立性。將訂製的木製拉門完全打開後，整個二樓立刻搖身一變成為有如陽台般的開放空間。

建築概要
基地面積／194.92㎡
總樓地板面積／104.93㎡
設計／直井建築設計事務所
案名／M邸

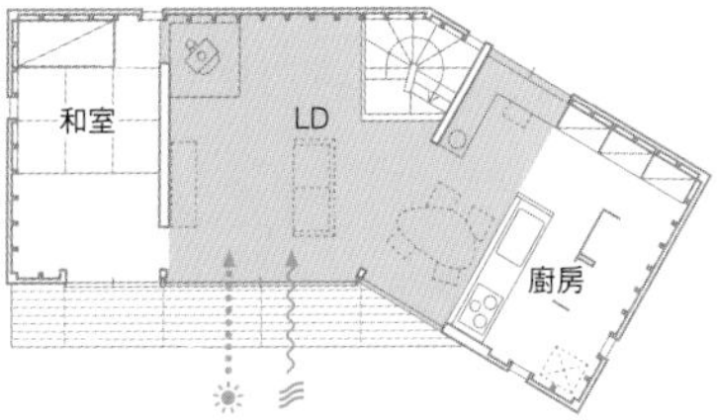

享受絕景的大面積窗戶，夜晚可以將捲簾拉下遮住外來的視線。白天保持敞開為生活帶來抑揚頓挫的變化。特製的木製門框為阿拉斯加扁柏（Alaska cedar）。

和露台連續的悠閒舒展空間

建築概要
基地面積／135.44㎡
總樓地板面積／121.70㎡
設計／LEVEL Architects
案名／大船的住宅

屋主的期望是一個明亮開放的客餐廳，但也希望能確保隱私性。於是藉由設置外牆，守護和露台連接為一體的客廳，將前方道路上行人們的視線完全遮蔽。

另外，將廚房平台、用餐吧台及電腦空間設計為連續的平面。並放置屋主喜愛的北歐品牌餐桌，打造出屬於全家人的寬敞ＬＤＫ。

將櫥櫃和客廳的家具，設計成和廚房平台同樣的色系與調性，賦予室內整體統一感。

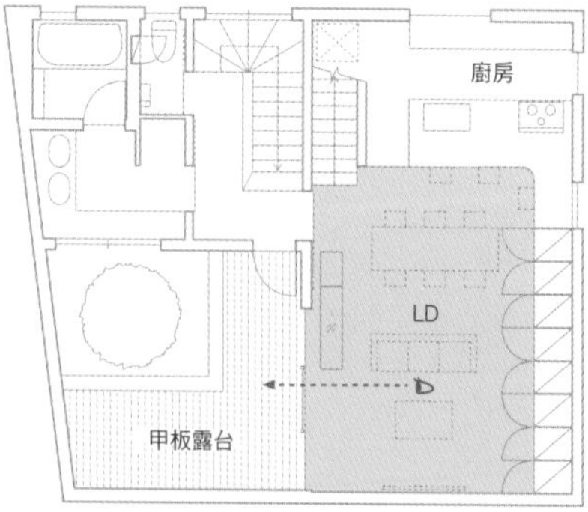

坐擁陽光與星月的空間

在此住宅中設置了面向多個方向、各種尺寸的窗戶。原因是為了配合太陽的移動，讓光線能夠從各種方向和高度進入客廳。

隨著季節和時間推移變化的光線，為室內增添了豐富的表情變化。另外，夜晚降臨時，月光會透過高側窗灑落室內。將此空間打造成為家的中心。

建築概要
基地面積／855.20㎡
總樓地板面積／128.78㎡
設計／石井秀樹建築設計事務所
案名／城之崎海岸的家

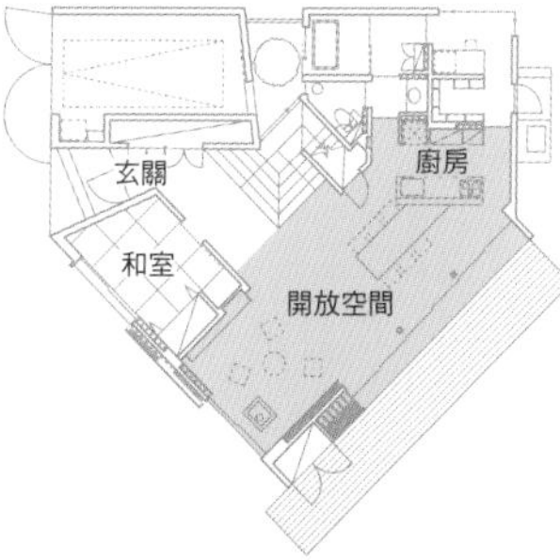

在三角型屋頂下感受大自然的餐桌

建築概要
基地面積／91.80㎡
總樓地板面積／91.08㎡
設計／imajo design
案名／田園調布的家

在這個住宅裡，藉由窗戶借景感受四季的推移變換，或是藉由照映在寬敞天花板及牆面的光影變化，感受時光流逝等，營造出一個能夠享受閒適的ＬＤＫ空間。

這是利用三角形屋頂所打造的大體積空間。廚房和客廳的家具都使用素材感較強烈的木板拼貼而成。營造出具有溫度的手作感，以及溫柔的空間調性。

具有素材感的木板張貼訂製家具。廚房台面和收納櫃使用同樣的材質，統一調性。

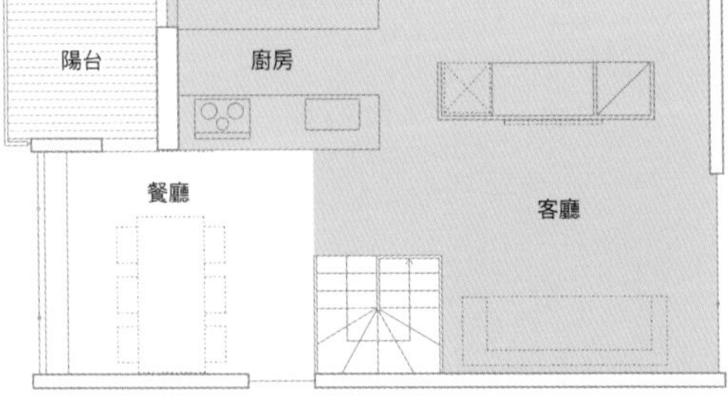

從2樓的LDK和鄰宅的綠意借景

這個家是蓋在北側缺少一塊角的變形基地上。因為周圍的建築物很密集，所以採用了能夠眺望綠意以及確保採光的設計。

首先是將LDK配置在二樓。接著為了能讓自然光進入室內，將庭院配置於南側。而面向北側的窗戶則是向鄰宅的庭院借景，樂享盎然的綠意。

建築概要
基地面積／99.01㎡
總樓地板面積／104.51㎡
設計／村田淳建築研究室
案名／鎌倉的家

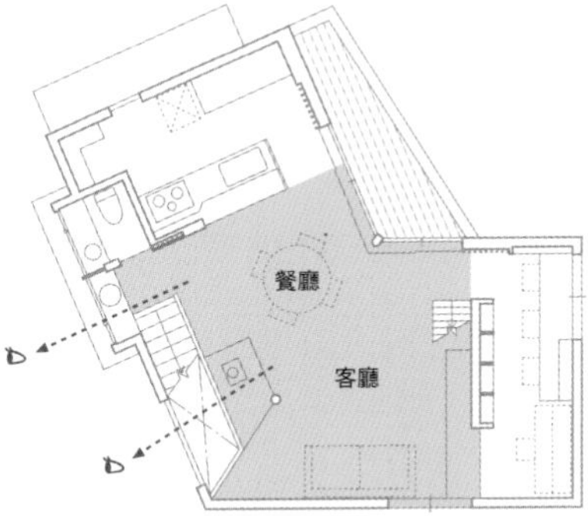

配合非正方形基地設計的「く字形」住宅計畫，營造出一個角落空間。

因為基地位於密集住宅區上，為了確保隱私所以特別設計了窗戶的位置。柴火暖爐溫暖了高天花板的空間。

利用格柵調整和自然綠意的距離

由美西側柏所構成的木格柵，柔和地調節和自然的距離。直線的陰影營造出周末的悠閒度假氛圍。

建築概要
基地面積／107.65㎡
總樓地板面積／734.31㎡
設計／佐藤宏尚建築設計事務所
案名／木格柵的別墅

這是一間位於千葉縣房總半島南端的度假住宅。住宅前方擁抱一片湛藍大海，而後面則是被美麗的翠綠山景所圍繞。在這種條件下的客廳裡，於室外與室內之間配置了緩衝地帶，藉此保持恰到好處的距離感，又能同時將室內外連結起來。

另外藉由可以開關的木格柵，調整日照光線與視野。透過格柵所產生的陰影，為室內帶來豐富的表情變化。

格柵的直線陰影使木作的素材感更加活躍，為簡單的空間裡增添一抹樂趣。

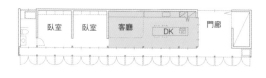

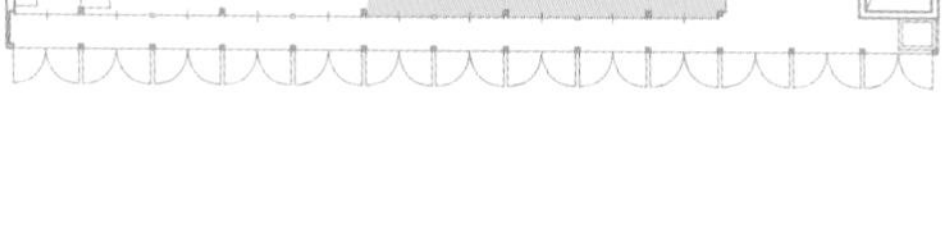

隱藏生活感的28cm小訣竅

住宅位於非正方形的四角基地上，視野往西北側敞開。積極地將豐富的自然景色帶入室內，打造出一個悠閒放鬆的住宅空間。

將廚房配置於大套房空間的一角，並且設置了充足的壁面收納，以及附有洗水槽的中島式流理臺。在廚房流理台上加高28cm，巧妙地隱藏手邊的動態。如此一來便能一邊輕鬆地料理，一邊享受客廳的樂趣。

建築概要
基地面積／65.10㎡
總樓地板面積／129.12㎡
設計／都留理子建築設計STUDIO
案名／下作延K

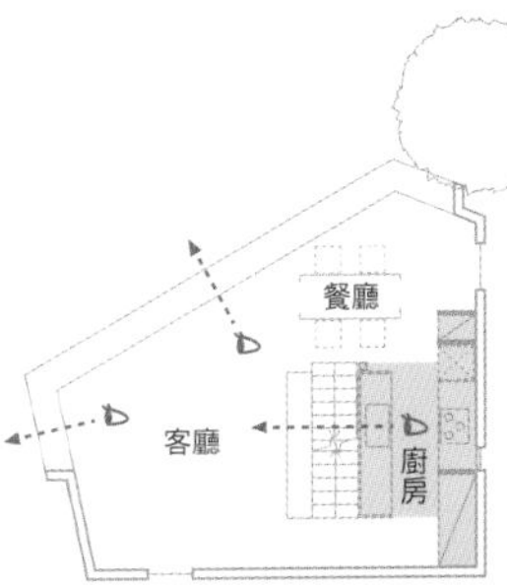

固定窗外的景色有如一幅畫般點綴室內空間。採用不會干擾視野的無窗框設計。

除了臥室和衛浴設備之外，其他空間都是彼此緩和連結起來的一大空間。在廚房流理台周圍設置28㎝高的遮板，巧妙地遮住視線。

料理和用餐的同時飽覽眼前綠林

屋主的興趣是料理，所以希望擁有一個被餐桌包圍的生活空間。為了完成這個期望，於是設置了大寬幅窗戶的廚房，以及能放置大餐桌的空間。打造出一個能夠享受下廚和美食的同時，也能同時眺望眼前綠林的隔間設計。

另外，室內外的牆面使用同樣的塗裝，彷彿室內外連結般營造出具有開放感的空間。

建築概要
基地面積／170.35㎡
總樓地板面積／123.96㎡
設計／imajo design
案名／下田町的家

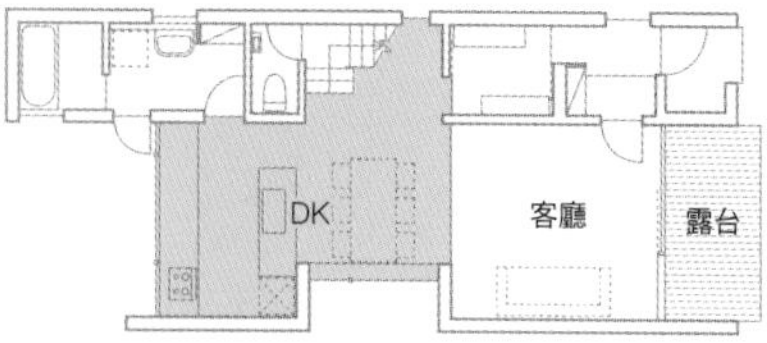

餐桌為建築師的原創設計。略為粗糙的質感和淺灰色壁面營造出靜謐的氛圍。

包圍著傳遞季節變化主樹的住宅空間

這是一間客廳以ㄈ字形圍繞著中庭的中庭住宅（Court House）。中庭的主樹是紅山紫莖，在初夏會綻放小巧可愛的白色花朵。

將客廳面向中庭並且設置大面積開口部，使室內隨時保持明亮，營造出具有開放感的空間。將大型的玻璃拉門打開後，就能在安穩的空間裡，享受和戶外綠意的連結感。

建築概要
基地面積／186.84㎡
總樓地板面積／201.58㎡
設計／村田淳建築研究室
案名／中海岸的中庭住宅

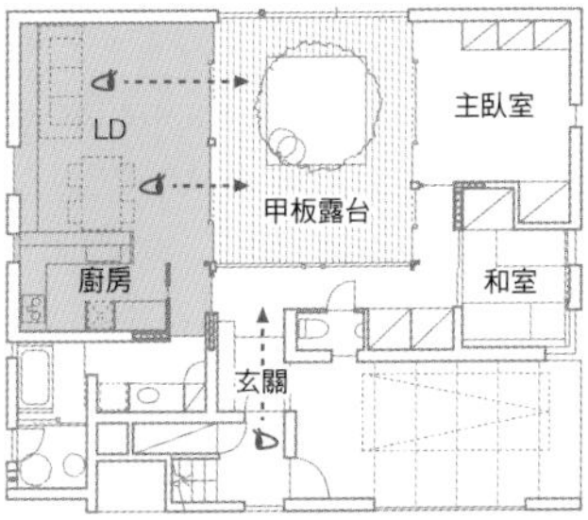

中庭的紅山紫莖能夠傳遞季節的變換。在夏季綻放小巧的白花，春季則是清爽綠意點綴室內。

將對外的開口控制在最小限度以確保隱私，並利用中庭採光。在走廊的另一端配置和室及臥室。

將土間※廚房變成住宅的中心

將餐廳打造為住宅的中心。地板由砂漿塗裝成有如土間般的空間。

建築概要
基地面積／237.96㎡
總樓地板面積／111.29㎡
設計／H.A.S. Market
案名／STH

屋主是一位喜愛料理的美食家，為此建造了一個具有結構感的土間廚房，並且以其為住宅的主角。將每個人的房間緩和地連結，恰到好處的距離感守護著彼此的隱私。

餐廚空間的地板是砂漿塗裝，營造出家人及客人都能方便出入的輕鬆氣氛。

鏤空的樓梯設計，讓住宅整體成為一個連續空間。保持恰到好處的距離感同時，也能感受到家人之間彼此的氣息。

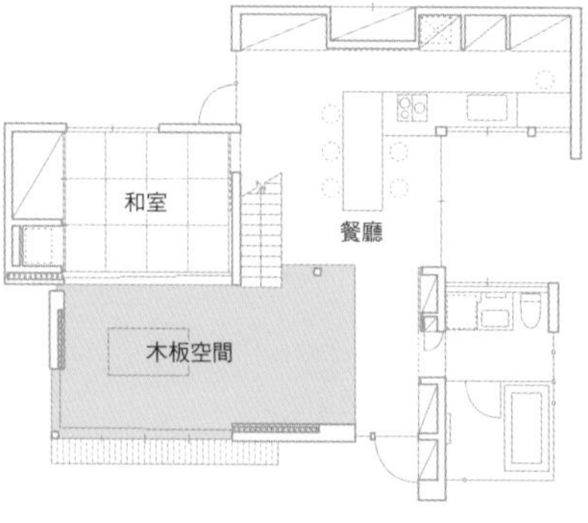

※土間：日本的住宅中，不用脫鞋的地面。

和露台連接的超大客廳空間

此住宅擁有一個天花板挑高的4.2m豪華大客廳。若將原創的大型窗框敞開後，立刻變成面向庭院的開放客廳，坐擁超舒暢的開放感。

在甲板露台配置的大面積屋簷，是當初為了能防止建築物受到雨水侵襲、又能遮擋夏日強烈的陽光、以及讓冬天的溫暖陽光能夠進入室內，做了三次的模擬試驗後才決定現在的尺寸。

建築概要
基地面積／226.21㎡
總樓地板面積／272.58㎡
設計／佐藤宏尚建築設計事務所
案名／uroko邸

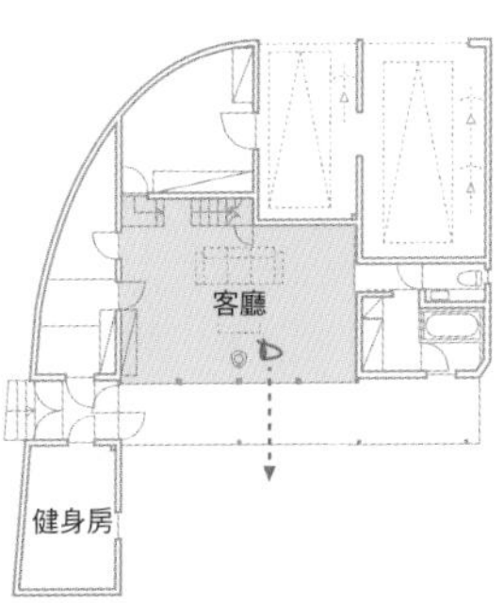

4.2m×1.73m的大型木製門框是向木門窗公司KIMADO訂製的。為了能完成寬7m×高9m的無柱寬敞木造客廳，屋樑的一部分使用了鐵板補強構造。

在密集區使用鐵骨造結構的關係，所以使用能夠雙手搬運的建材，而在住宅構造上也下了許多工夫。

書蟲的最愛！超棒的挑高設計

建築概要
基地面積／118.22㎡
總樓地板面積／153.47㎡
設計／充綜合計畫
一級建築士事務所
案名／書之棲

屋主以前住宅的藏書多到需要放在走廊或是玄關等地方，於是將客廳的整片牆面，直到挑高空間上方都配置了書架，以放置屋主大量的書籍。實現居住者夢想中的完美住宅。

在LDK的三面分別設置滿滿的書架，另一面則配置了大面積的窗戶，確保室內採光。同時因為基地位於密集的商業區上，確認後周圍環境才配置窗戶的位置。

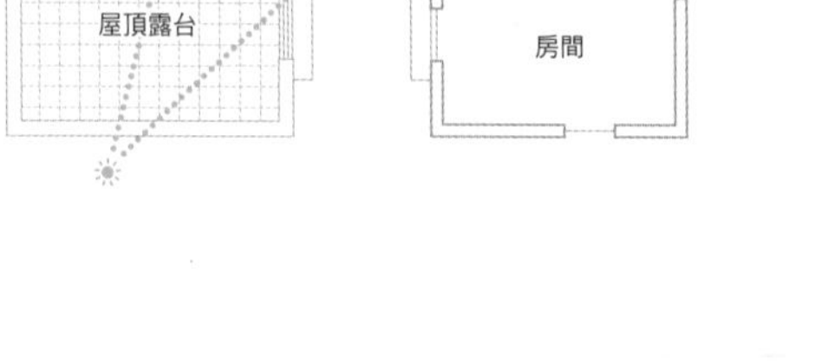

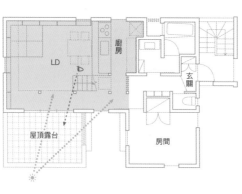

黑色的「塔」是為了什麼而設計？

這個住宅設計是在四方型客廳的中心配置了一個柱狀型的「塔」。有如天井般連接到二樓的「黑色之塔」，具有如天窗般傳遞二樓光線的效果。

另外，在「塔」的周圍配置了客廳和餐廳。並在每個空間設置高低差，賦予了一大房的空間變化，讓全家人都能找到屬於自己的舒適空間。

建築概要
基地面積／81.77㎡
總樓地板面積／85㎡
設計／NIKO設計室
案名／O家族之家

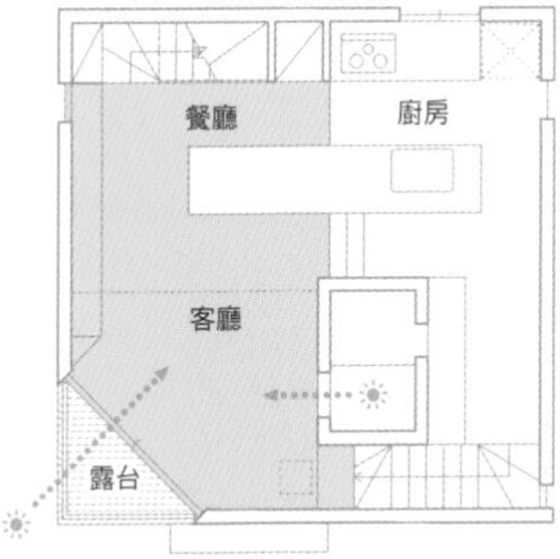

在住宅中心配置一個黑色的「塔」。並且在其周圍配置客廳與餐廳。

黑色塗裝的塔型設計，為客廳增添一抹情趣。牆壁是略為粗糙質感的灰泥塗裝，天花板則是露出結構材。

細長型空間的自然光讓視覺寬敞度加倍

克服了正面寬幅狹窄，深度較深的基地缺陷，讓空間看起來比實際還寬敞。

建築概要
基地面積／64.71㎡
總樓地板面積／93.44㎡
設計／APOLLO
案名／BRUN

在配置於二樓的LDK中，為了活用斜線限制關係而產生的斜牆壁，設置了具有開放感的挑高空間。安定的光線由天窗灑落，使室內隨時能保持明亮舒適的亮度。將細長型空間的高度加高後，就能強調空間深度避免狹窄感，感受到比實際還寬敞的空間。

考量到隱私的確保，在道路側沒有設置開口部，而另一側則設置大小不同的窗戶，讓光線直接進入室內。

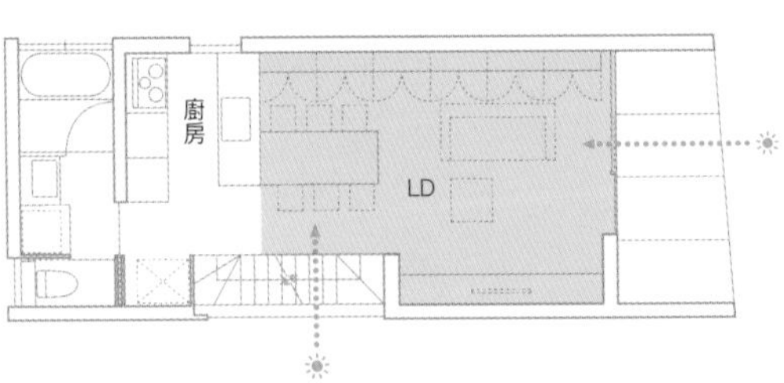

不方正的基地也能有超享受的開放感

住宅位於幾乎是三角形，再加上傾斜的基地上。若使一般的方型住宅計畫，就無法同時兼具足夠的空間與採光，但是全家人交流的ＬＤＫ絕對不能妥協。於是為了有效利用基地形狀，採用了扇型的住宅計畫。如此一來，就能讓光線充滿了面向陽台的客廳。

建築概要
基地面積／88.19㎡
總樓地板面積／74.32㎡（不含閣樓）
設計／充綜合計畫一級建築士事務所
案名／扇翁邸

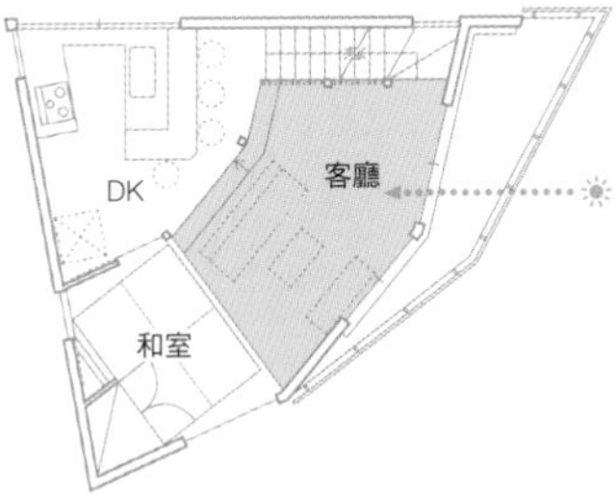

由客廳、餐廚空間和榻榻米空間所構成的一體空間，藉由地板高低差的變化為空間作區隔，雖然面積狹小但是卻能打造出各式各樣的空間。

打造出屬於家人們個人小角落的訣竅

建築概要
基地面積／130.91㎡
總樓地板面積／117.88㎡
設計／桑原茂建築設計事務所
案名／淺見野的家

彷彿浮在空中的樓梯，以及挑高的客廳。充足的自然光透過大型窗框和固定窗進入室內。

比客廳低一階的餐廳。藉由改變不同的地板高低差，為室內增添變化。

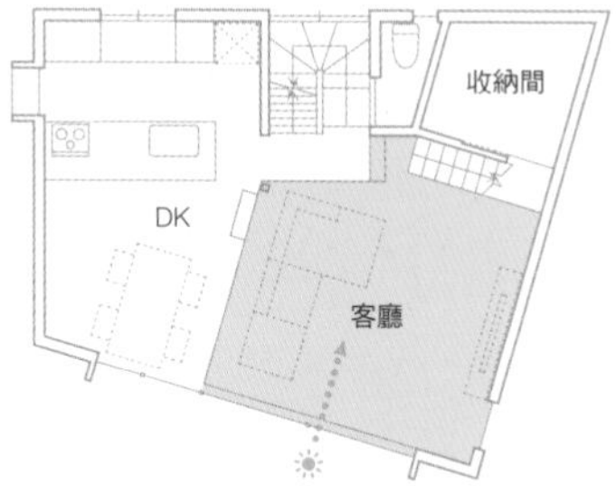

將全家人聚集的客廳，配置在景色與採光良好的二樓。廚房、餐廳和客廳都各自保有足夠的空間，不論哪個角落都很寬敞舒適。

另外，藉由每個角落的天花板高度和地板高低差的變化，強調了各空間的獨立性。使全家人都能隨時感受到對方氣息，又能在屬於自己的空間裡輕鬆自在地度過家族時光。

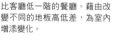

在中庭製造高低差 增加空間深奧感

住宅位於周圍被建築物包圍的旗竿型基地上。為了確保隱私以及充足的採光，採用了設置中庭的計畫。

將中庭的高度設置成位於一樓和二樓之間，使二樓的LDK能夠眺望中庭。稍低的中庭地板也營造出有如廊緣般的氣氛。藉由空間ㄈ字形圍繞中庭的設計，在狹小的基地上也能打造出深奧感。

建築概要
基地面積／92.65㎡
總樓地板面積／78.48㎡
設計／NIKO設計室
案名／鴻巢家族之家

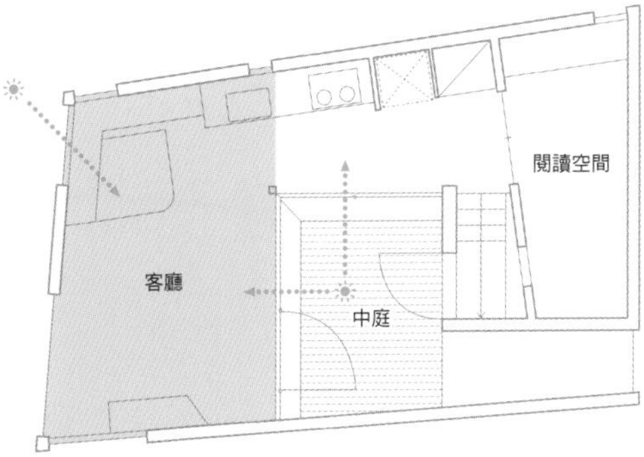

坐在沙發上的視野。視線往中庭方向展開，享受明亮的屋外景色。木製窗框成為空間裡的一大特色。

在富有深奧感的空間裡品茶等等過渡悠閒的時光，為生活增添變化的樂趣。

為美麗的家找到合適的沙發

選擇沙發時，
第一步是設計出悠閒的時間。

2

1

3

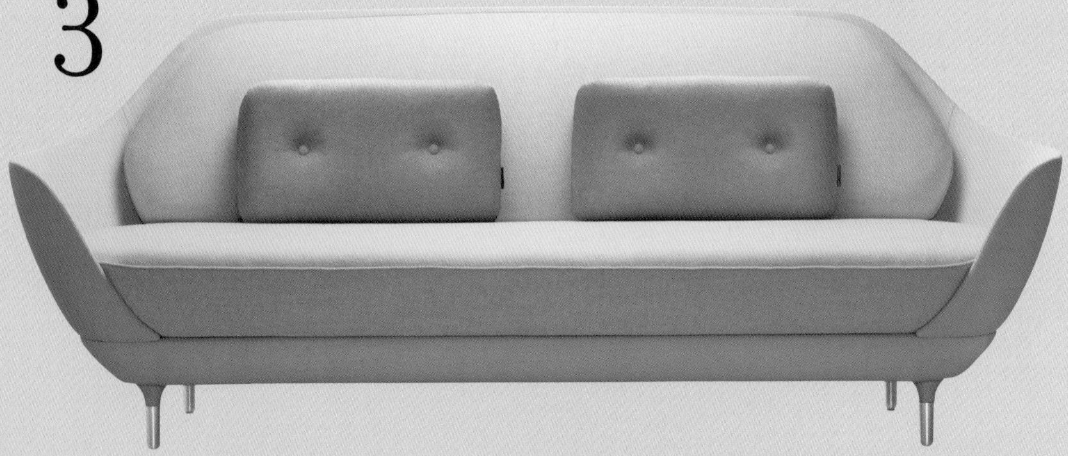

5
沙發SPENCER
不僅具有時尚奢華感，另外彷彿漂浮在空中的椅腳獨特設計也是一項特色。
981,000日圓～
（Minotti COURT）

4
Fundamental furniture
能依照個人喜好決定扶手有無，以及任意組合置腳台和沙發墊。
1P 68,000日圓～（BUILDING）

3
FAVN
彷彿被擁抱的沙發造型，以及根據不同部位而使用不同布料的極佳配色。
1,004,000日圓～
（Fritz Hansen）

2
BOKJA Peacock
由各種布料組合的華麗設計，有如孔雀開屏的姿態。
630,000日圓～
（TOKYO KITCHEN STYLE）

1
扶手椅SPENCER
兼具放鬆與輕快感，介於沙發和椅子間的扶手椅。
589,000日圓～
（Minotti COURT）

4

5

6

7

建築師的建議

沙發是一種極佔空間的存在。沙發類型常常會根據空間的大小、天花板高度、其他家具的調性以及預算等，由設計方來提案。（石井秀樹建築設計事務所・石井秀樹）

顏色、坐墊、椅腳等的平衡感也很重要。有時候實際的顏色會比小塊布樣還亮一個色調，選顏色時要特別注意。（APOLLO・黑崎敏）

有小孩的家庭，要特別注意沙發材質。是否容易沾染髒汙，或是保養簡單與否等，都是選購的重點。（直井建築設計事務所・直井克敏）

7
CNFLUENCES
猶如兩張椅子依偎在一起的設計，為客廳增添溫柔的氣氛。
260,000日圓～
（ligne roset tokyo）

6
Sacco Chair
會跟著身體改變形狀的豆袋沙發，非常適合一個人生活或是狹小的住宅使用。51,600日圓～
（MoMA DESIGN STORE）

為美麗的
家找到
合適的

矮桌

放置於客廳及臥室
使生活更多采多姿的矮桌

1

2

3

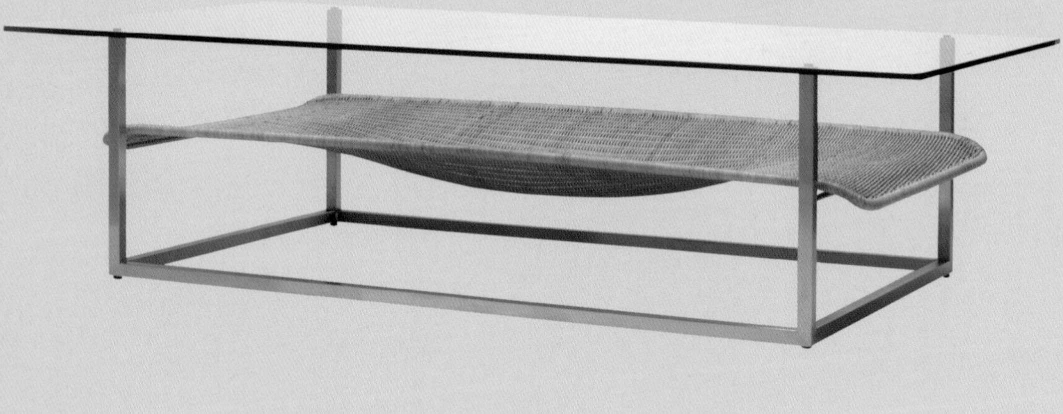

5
KRISTALIA Roter
五片重疊的MFC塑合板的360度旋轉設計，可以任意調整使用面積。
226,000日圓
（TOKYO KITCHEN STYLE）

4
MATRIX TABLE Black Walnut（L）
透過玻璃桌面賞玩交叉木質合板所構成的流線造型。140,000日圓（E&Y）

3
HAMMOCK
玻璃桌的冷冽與置物架的柔軟曲面呈現出精彩的對比。
190,000日圓（E&Y）

2
Moooi 鉤織桌
手工鉤織的蕾絲造型矮桌。照映在地板上的陰影呈現出一種優雅氣息。
179,000日圓
（TOKYO KITCHEN STYLE）

1
Noguchi 咖啡桌
具雕刻感的桌腳造型和玻璃桌面的絕妙搭配，桌腳的支撐方式充滿藝術性。
195,000日圓～
（hhstyle.com 青山本店）

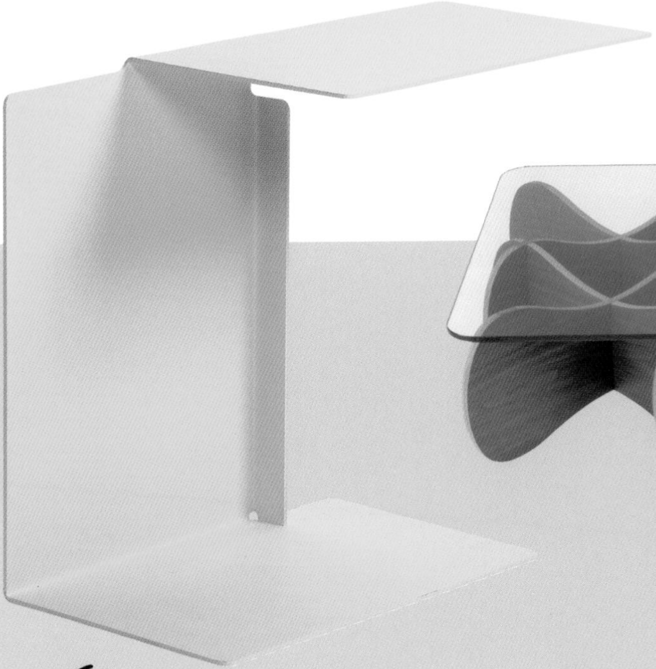

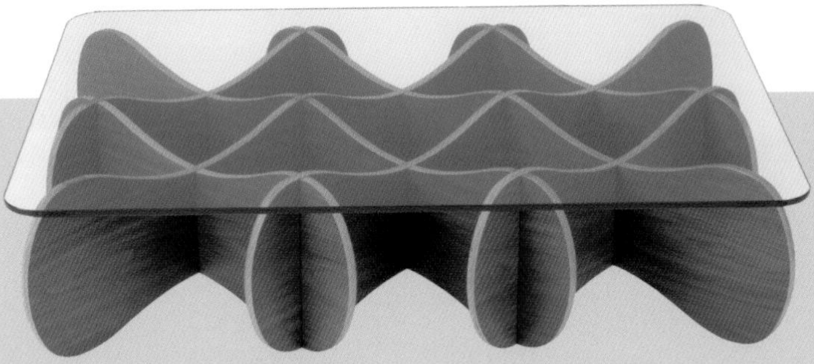

4

6

5

7

7

SOUS BOIS側桌

現代感設計融合樹木的美麗姿態，是巴黎設計師Phillip Hurel的作品。130,000日圓（CASSINA IXC）

6

Diana A

設計概念是將抽象化的字體排印學（Typography），用金屬板表現出來。用途不只限於矮桌，可以多目的使用。77,000日圓（hhstyle.com 青山本店）

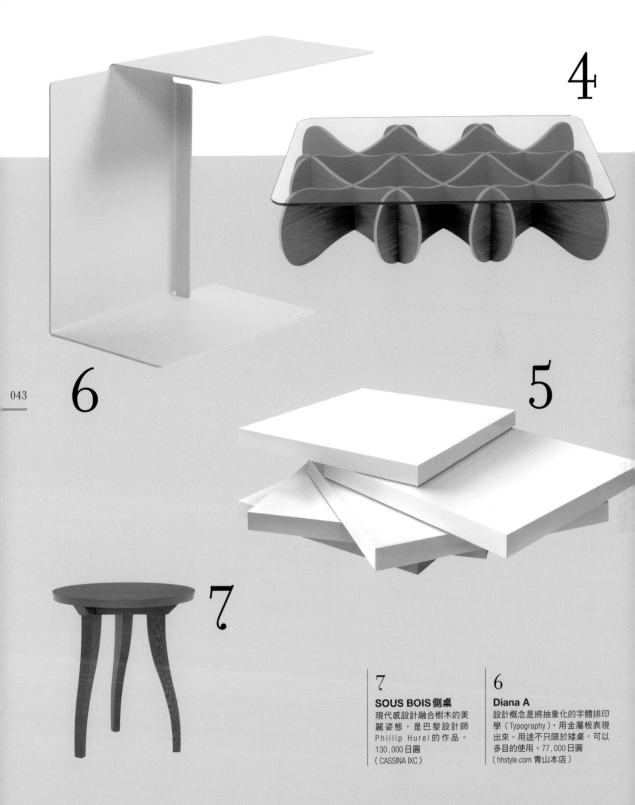

1-2 房間

臥室、書房、和室、小孩房

「希望新家裡有這種房間」。
本節將介紹實現夢想的各種超棒房間。
根據使用目的設計的同時，
也有許多案例是
考慮到將來而設計成具有可變性的空間。

附有更衣室的臥室享受換裝樂趣

建築概要
基地面積／55.60㎡
總樓地板面積／100.75㎡
設計／LEVEL Architects
案名／門前仲町的家

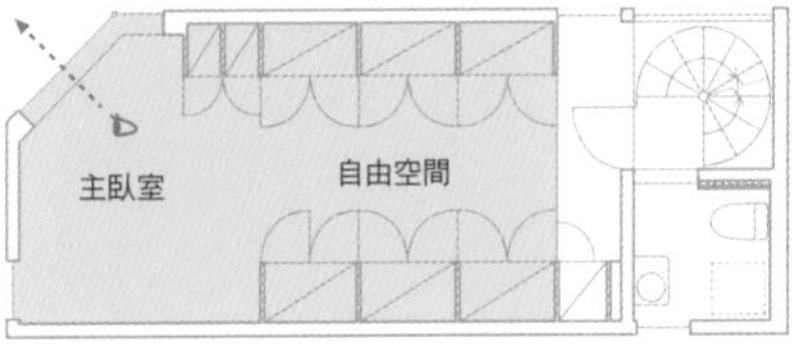

屋主夫婦兩人都對於服裝情有獨鍾。因此將主臥室的2／3空間配置了衣櫥，彷彿就像在更衣間裡配置臥室般的設計。在其中一個衣櫥外設置了整面鏡子。將衣櫥門扇設置成打開後變成三面鏡子的貼心設計，方便出門打扮。

另外，為了活用基地附近的櫻花樹景色，在主臥室也設置了能夠眺望櫻花美景的大面窗戶，每天早晨醒來都能感受四季的變化。

透過窗戶灑落的光線與右側運河的美景，隨時都能感受時光的推移。

設置於主臥室內兩側的衣櫥。照明也選用能夠清楚顯示衣服色調的嵌入式日光燈。

藉由窗戶射入的陽光
感受時間變化的臥室

建築概要
基地面積／300.12㎡
總樓地板面積／96.47㎡
設計／石井秀樹建築設計事務所
案名／鶴之島的家

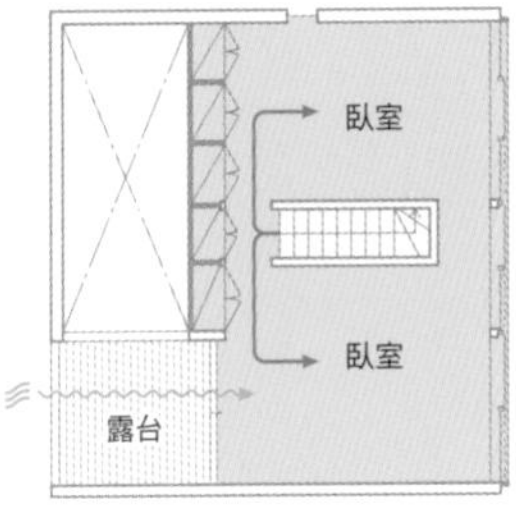

在二樓的臥室設置了狹縫狀的地窗。加上透過大面積窗戶進入的光線，使室內一整天都能保持明亮。

臥室和樓梯間另一側的房間沒有隔間，打造成一個連續的開放空間。考量到將來孩子需要獨立空間，所以在收納櫃之間預先設置柱子，方便往後加裝門扇。配合家族未來變化，打造出具有可變性的空間。

環繞樓梯間周圍的開放空間。將來預定加裝門扇將空間隔開。

地板使用柚木的實木地板。簡約色調和質感的空間。

感受擁有存在感的家具和藝術之美

屋主經營著一間現代風家具貿易公司。為了具有家具及現代美術背景的設計師屋主，創造出符合需求的住宅調性，於是將臥室也設計成簡約且舒適留白的空間。

使用柚木和室內壁磚等具有質感的建材，打造出不會過於強烈的空間調性。

建築概要
基地面積／371.91㎡
總樓地板面積／211.98㎡
設計／APOLLO
案名／SBD25

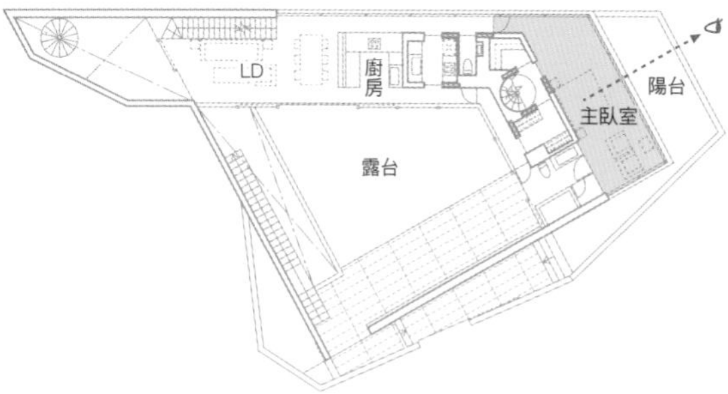

能夠享受一整面綠意的臥室。
也可以當作客廳使用。

微風和陽光輕拂臉頰 有如閣樓的臥室

位於二樓的臥室是一個天花板較低、彷彿閣樓般的空間。不但具有小閣樓般的舒適包覆感，如果往樓下眺望的話，視線便能往戶外延伸享受開放視野。

大屋頂使臥室和一樓的客廳連結，圍繞著建築物的田園不時吹來清爽涼風，恰到好處的光線也從窗戶進入室內，打造愜意的空間。

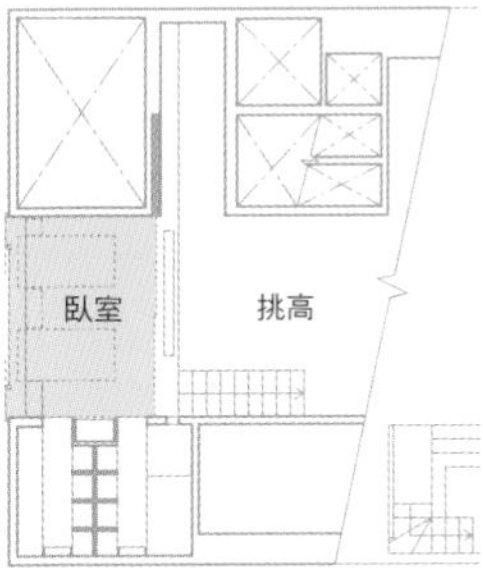

建築概要
基地面積／396.81㎡
總樓地板面積／121.87㎡
設計／石井秀樹建築設計事務所
案名／鋸南的家

從客廳往上看的樣子。沒有隔間牆的連續空間，讓涼風和光線充滿整個室內。

木頭素材感的木製屋頂，強調和一樓空間的連續性。躺在床上感受低沉屋頂的舒適閉塞感，往樓下俯視就能享受寬敞的開放感。

在有如沙發般的床上放鬆身心

建築概要
基地面積／34.10㎡
總樓地板面積／35.65㎡
設計／NIKO設計室
案名／飯島家族的家

「想擁有一個有如沙發般的床」，為了實現屋主的期望，於是設置了一個能夠眺望屋外景色的書桌角落。還有設置一個洗手台，可以隨時享受美酒等度過輕鬆時光。

另外，刻意露出沿著曲面設置的屋樑，營造出有如樹屋的氣氛。打造成能夠療癒身心的臥室，同時也是能享受閒暇的客廳空間。

牆壁用深色的暖色調塗裝，營造出令人放鬆的氛圍。不僅僅是睡眠空間，也可以在這裡度過各種閒暇時光。

統一用淡茶色系的裝潢，提升放鬆效果。日落時刻加上間接照明，更增室內悠閒氣氛。

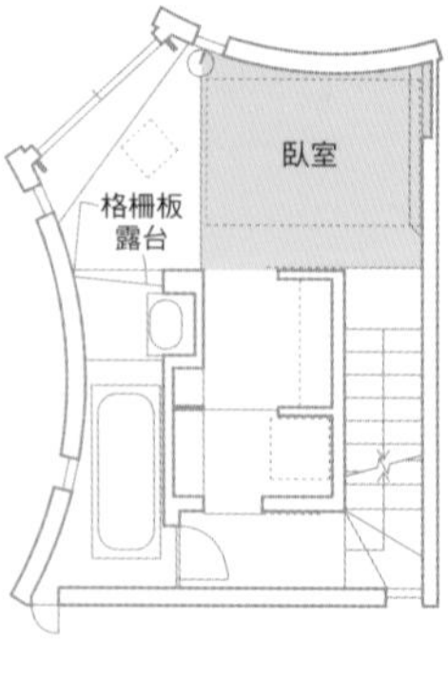

用木頭和水泥打造的溫暖空間

屋主是一對老夫婦，即將離開住慣的地方，並且建造一間養老的山莊。而基地就位於能夠眺望雄偉的赤石山脈的土地上。

採用扇形住宅計畫，讓最大限度的光線進入室內，打造出冬暖夏涼的住宅。在面向東側的臥室設置了現代風造型的採光紙拉窗，朝陽透過和紙溫柔地進入室內。在窗邊設置的檯面還可以當作工作空間使用。

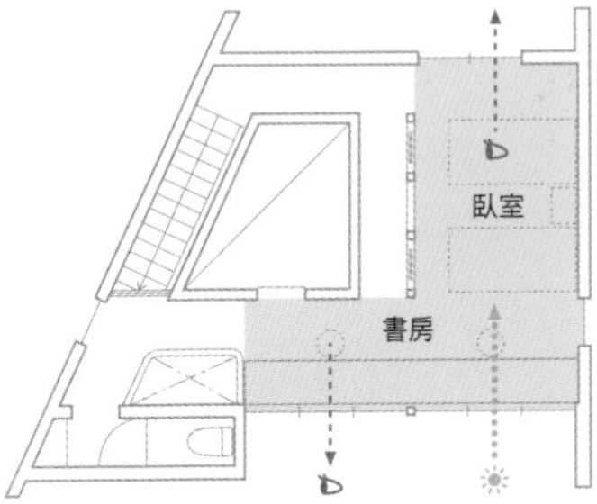

建築概要
基地面積／691.00㎡
總樓地板面積／131.77㎡
設計／MDS一級建築士事務所
案名／八之岳的山莊

將窗邊設置的檯面當作工作空間。窗戶的和紙將室外強光轉換成溫和的光線。

柱子和隔間等都是使用當地的木材，在傳統的窗格裡加入現代風設計。將採光紙拉窗打開後，雄偉的山景迎面而來。

被心愛的書本和私人景色圍繞的空間

建築概要
基地面積／1082.04 ㎡
總樓地板面積／132.95 ㎡
設計／ondesign & Partners Architects Office
案名／near window

這是一間被豐富的自然環境圍繞的度假住宅。每個房間都設置大面窗戶，不論在哪都能欣賞屋外美景，享受被自然景色擁抱的愜意。

細長型的書房空間裡，在兩側設置了和天花板等高的書架，而書房前後都設有面向屋外景色的窗戶。專為藏書設計的書架高度，展現出井然有序的收納。古典風的照明為室內增添了趣味性。

配合藏書設計的書架高度，整齊收納心愛的書籍。古典風的燈具是空間的一大特色。

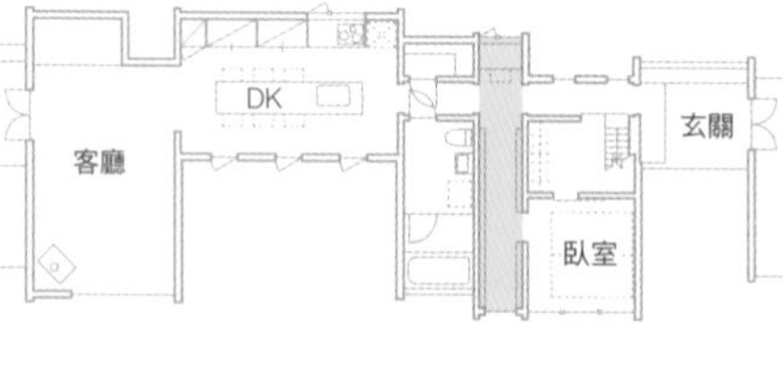

透過縱長型的窗戶欣賞屋外綠意，營造出令人流連忘返的氣氛。大量的書籍整齊地收納在量身訂做的書架裡。

在「我家圖書館」享受靜謐閱讀時光

固定在牆壁上的書桌為訂製家具。為了將電腦和印表機等雜物隱藏，在角落位置也設置了收納空間。

建築概要
基地面積／305.01㎡
總樓地板面積／199.78㎡
設計／八島建築設計事務所
案名／牛久的家

屋主期望客廳的另一側是兼用成電腦空間和孩子書桌的工作空間，而且希望不要出現雜亂的印象。於是在住宅中心配置了一個大空間，當作「特別的場所」。

在客廳和臥室之間設置高低差。在周圍被矮書架包圍的「圖書室」裡，鋪上絨毛地毯，打造成可以坐或躺在地板上享受讀書樂趣的自由空間。

享受滑板和鋼琴樂趣的樓層

屋主夫婦都有各自的嗜好，於是設計了一間兼具滑板場與琴房的嗜好空間。

滑板場是將一樓的地板下挖1m所設置的。內側則將地板架高60cm，並且配置具有隔音效果的鋼琴房。將隔音門打開後瞬間變成演奏舞台，滑板場也能變成觀眾席。

建築概要
基地面積／87.98㎡
總樓地板面積／149.16㎡
設計／LEVEL Architects
案名／涉谷的住宅

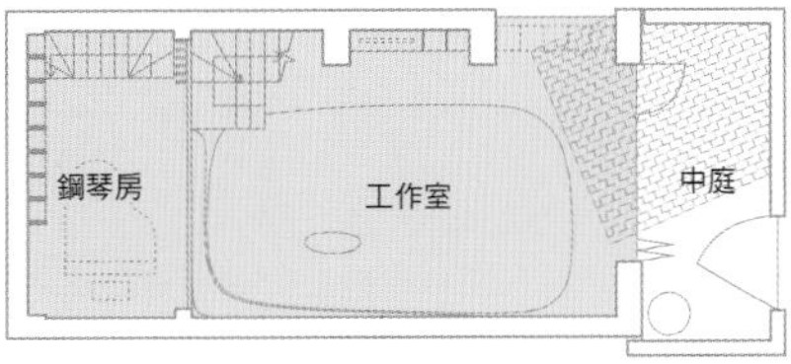

橢圓形的滑板場是屋主親自試用並調整角度。將鋼琴房的隔音門打開後，這裡就是最佳的觀眾席。

用超寬敞橫向窗戶獨佔藍天

具有隱私性的三樓書房。湛藍的天空透過窗戶映在簡單的裝潢空間裡。

為了能夠活用位於寺廟旁的基地優點，將隱私空間配置在樓層較高的位置，並且透過窗戶享受屋外豐富的綠意。

在具有隱私性的三樓書房內，配合坐在椅子上時的視線設置了窗戶。在屋頂設置一個往水平方向延展的開口部，充滿著有如漂浮在空中獨佔藍天的氣氛。

建築概要
基地面積／127.30㎡
總樓地板面積／159.95㎡
設計／都留理子建築設計STUDIO
案名／下連雀０邸

營造出光影變化的白色客廳

將一樓部分空間作為攝影工作室使用。但是住宅整體充滿自然光線，工作室以外的空間也能攝影，是這個住宅的最大特徵。二樓的LDK也是，在上部設置了超大天窗，讓室內充滿光線，不會使人感到長形屋般的促狹感。

建築概要
基地面積／118.36㎡
總樓地板面積／84.22㎡
設計／APOLLO
案名／ARROW

在斜屋頂上設置狹縫天窗，透過窗戶進入的光線打造出舞台效果的光影變化。

藉由舒適的閉塞感提高集中力

在這個盡量減少隔間的迴遊型住宅內，將閱讀空間配置在客廳旁。與客廳相較之下，閱讀空間恰到好處的閉塞感會令人想窩在裡面，也能有效提升集中力。

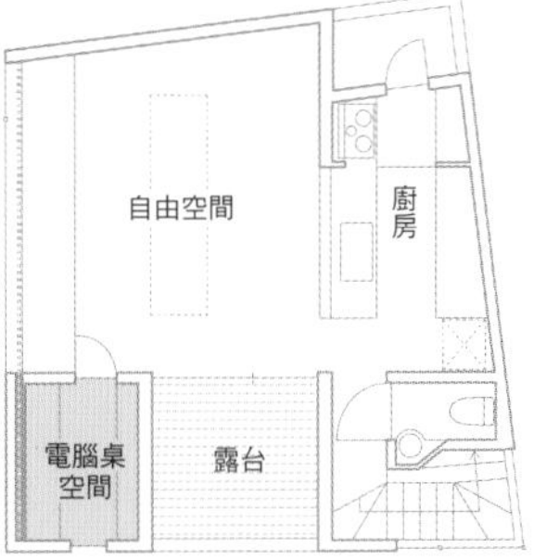

建築概要
基地面積／120.52㎡
總樓地板面積／87.27㎡
設計／石井秀樹建築設計事務所
案名／貫井的家

在走廊打造一個閱讀空間

活用三樓走廊空間，設置檯面書桌當作閱讀空間，並且藉由挑高和二樓連結。閱讀空間的兩側分別配置了活動空間，讓三樓彷彿是屋頂上的小屋般充滿趣味性。一邊沉浸於自己的興趣或研究，一邊沐浴著透過窗戶灑落的陽光。

建築概要
基地面積／64.71㎡
總樓地板面積／93.44㎡
設計／APOLLO
案名／BRUN

活用斜面牆壁打造出舒適的閱讀空間。將總樓地板面積僅為93㎡的都市住宅縱向串聯起來後，就能擁有如此舒適的住宅空間。

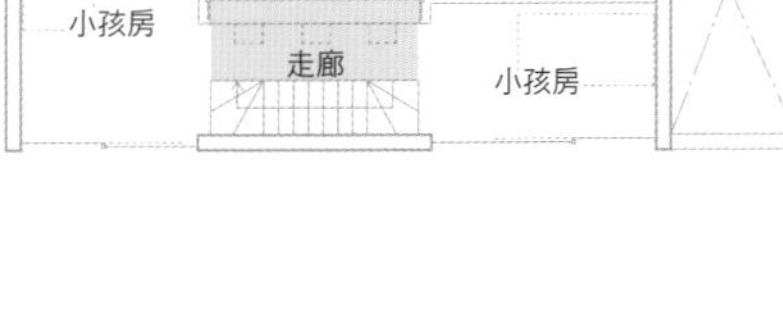

享受綠意在眼前敞開的和室

能感受和戶外連成一體的空間。圍繞著和室的甲板露台，一直延伸到LDK前方。

建築概要
基地面積／199.60㎡
總樓地板面積／142.98㎡
設計／村田淳建築研究室
案名／浦和的2棟住宅的家

被L型甲板露台圍繞的和室裡全面裝設窗框，營造成有如半戶外的空間。並將視野範圍設定於坐在榻榻米上的高度，和庭院呈現出一體感。

屋主照顧有加的庭院裡，隨著四季更迭的色彩，也為室內帶來多采多姿的變化。根據季節變換時而將窗扇全面敞開，令人想躺臥在榻榻米上打盹，營造出舒適慵懶的氣氛。

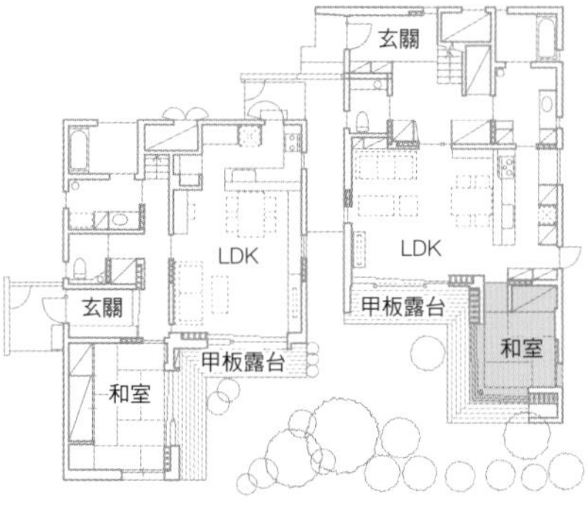

擁抱櫻花樹美景的和風客房

在這個二代同堂的住宅裡，將和室當作客房使用。並藉由窗戶的設置欣賞窗外美麗的櫻花樹景色。

壁龕旁的柱子（床柱）使用櫻花木材，而隔間拉門則貼上櫻花色的和紙，賦予整體統一感。天花板使用梧桐的合板。將一部分天花板釘上邊框並埋入照明燈具，享受間接照明營造出的柔和空間。

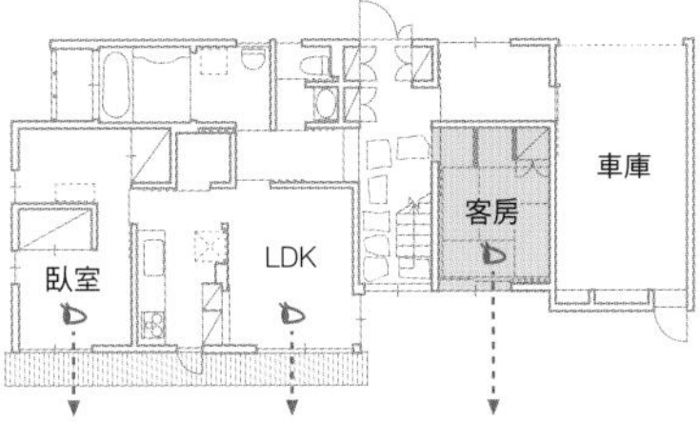

建築概要
基地面積／259.05㎡
總樓地板面積／171.20㎡
設計／LEVEL Architects
案名／東武動物公園的二代住宅

面向玄關的土間空間，有如獨立小屋般的和室。和室入口由無光澤的黑色塗料塗裝完成。

不會過於冷峻的現代風和室

建築概要
基地面積／44.57㎡
總樓地板面積／101.44㎡
設計／APOLLO
案名／LATTICE

住宅整體統一使用雅致的黑×白色調裝潢。每個空間的地板和樓梯踏板，都使用黑色油漆塗裝的樺木材，營造成充滿木頭素材感的空間。

一樓和室的入口設計成有彎曲角度的造型。柔化水泥壁的硬質感，並且為傳統的和室增添獨創的設計。另外，利用間接照明的光線，強調天花板及牆壁塗裝的素材感。

圖上／白色塗裝牆壁x黑色塗裝地板，營造出單一色調的空間。家具和門窗皆為玫瑰木的薄片所製成。
圖下／藉由間接照明柔和地照亮室內空間。

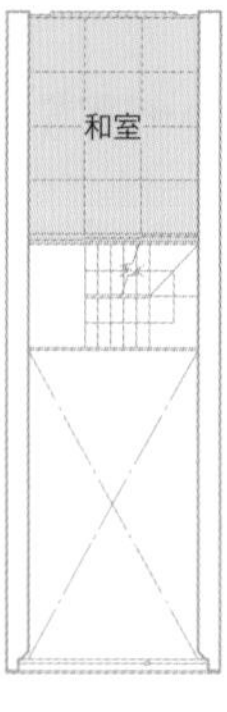

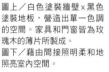

明與暗、寬敞與狹小玩賞變化的樂趣

二代同堂住宅的小孩家庭中，在一樓半配置了4張榻榻米的客房。無邊緣榻榻米營造出的現代風印象，讓這間平常不會使用的空間，充滿了非日常生活的氛圍。

樓梯的另一側是擁有挑高斜面天花板的客廳。雖然是獨棟住宅，也能藉由明暗與喧嘩寧靜的高低起伏變化，令人在踏入和室的瞬間，便能體會舒適的肅靜氛圍。

建築概要
基地面積／191.23㎡
總樓地板面積／187.19㎡（不含閣樓）
設計／充綜合計畫
一級建築士事務所
案名／FOLD

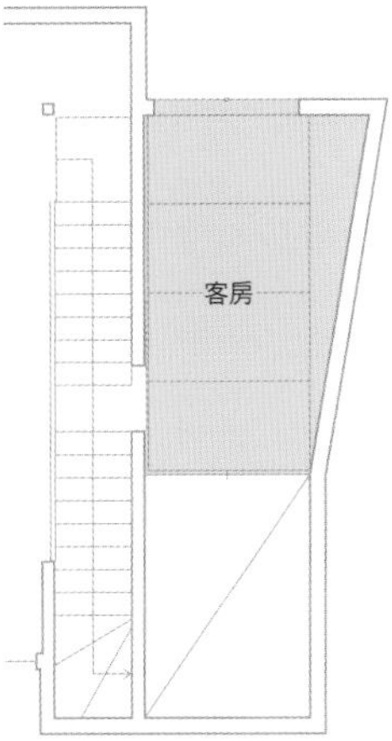

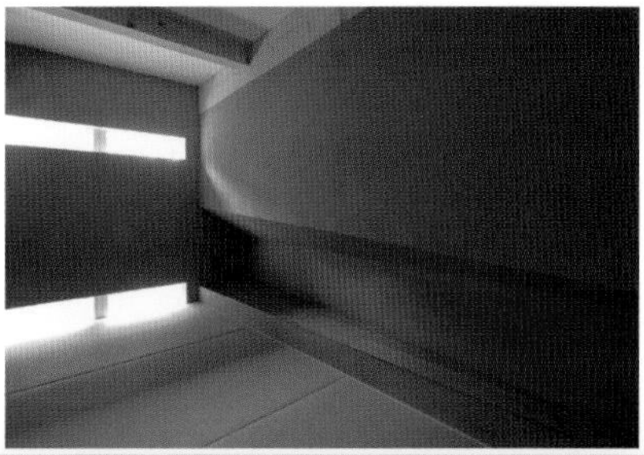

具有溫暖氣氛的珪藻土牆壁，天花板由椴木合板和部分露出的屋樑所構成。

地毯與大窗戶讓小孩房充滿趣味

建築概要
基地面積／65.1㎡
總樓地板面積／129.12㎡
設計／都留理子建築設計STUDIO
案名／下作延K邸

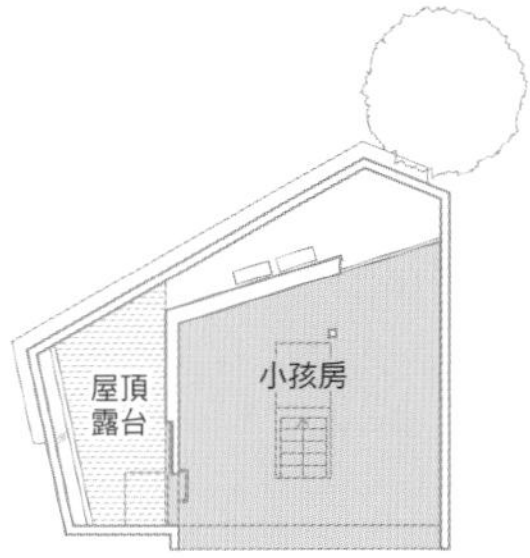

在越過鄰宅屋頂，享受絕妙景色的樓層裡配置了小孩房。為了能活用屋外的景色，在南側設置了大面積窗戶。

在地板鋪設柔軟的地毯，隨時能就地而坐。樓梯扶手也用同樣的地毯包覆，強調讓視覺和觸覺有著連續感。另外，位於中央的台型物體，是把包覆在樓梯周圍的牆面鋪上地毯，當作滑行斜面，培育孩子的創造性。

從小孩房眺望周圍茂密的綠樹。空間整體使用了柔軟的地毯，幼兒也能安心玩耍。

顏色、溫度、觸感…框框外的另一個世界

建築概要
基地面積／162.16㎡
總樓地板面積／121.10㎡
設計／NIKO設計室
案名／中澤家族的家

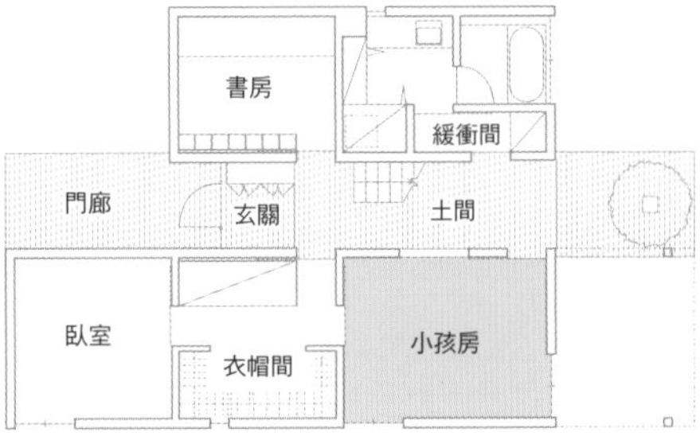

專為兩個小女孩打造的小孩房。為了營造出有如位在街上的氣氛，走廊使用甲板木材，而內牆則刻意使用粗糙質感的外牆材料塗裝。

藉由走廊壁面上的大框框進出小孩房，或是當作椅子坐在框上，讓孩子們自由發揮玩樂方式。另外，和明亮的走廊相較之下，室內使用深藍或深咖啡色的搭配，為空間增添上抑揚頓挫。

孩子們還處於不需要私人空間的年齡，所以設置了能夠自由進出的開口部。恰到好處的高度，讓孩子也能輕鬆坐著。

閣樓是孩子們的秘密基地

位於一樓的小孩房，是和玄關前方的室內露台合為一體的遊樂場。將地板稍微架高，當作室內露台的長椅，將來可以加以隔間，變成姊妹兩人的專屬空間。

另外，活用天花板高度設置的閣樓，也是孩子們的另一個遊玩空間。面向客廳敞開的閣樓，不但能感受到家人聲音或動態，也是一個擁有隱私感的秘密基地。

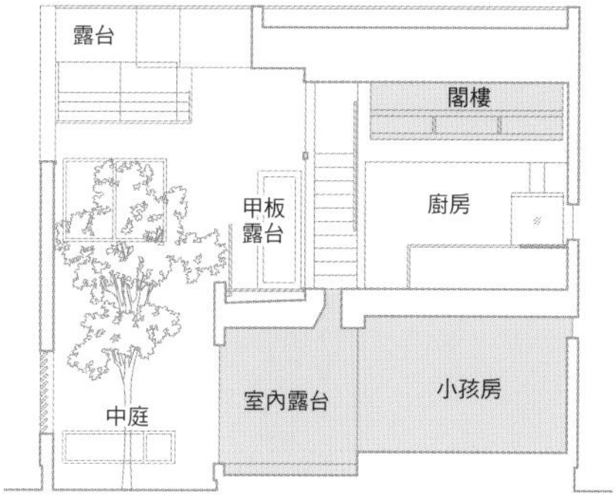

室內露台內是一個能讓大人們享受自己的嗜好，或是當作孩子遊樂場的自由空間。

建築概要
基地面積／135.44㎡
總樓地板面積／121.70㎡
設計／LEVEL Architects
案名／大船的住宅

貼有北歐風壁紙的閣樓，位於廚房的正上方。天花板絕妙的高度，營造出有如秘密基地般的舒適空間。

和甲板露台相連的明亮小孩房

光線透過私人甲板露台進入小孩房，營造出和室外的連結感。

建築概要
基地面積／218.18㎡
總樓地板面積／149.94㎡
設計／直井建築設計事務所
案名／低窪的家

這是一間位於郊外住宅區上的4人家族住宅。「享受全家人的用餐時光」、「能隨時眺望有如小森林的庭院」、「具有家事效率以及高機能性的家」這些屋主的期望，藉由大屋頂一次滿足。

將部分屋頂挖開配置成私人甲板露台，並且和小孩房結合。打造成一個能讓孩子自由進出內外的樂趣空間。

坐在架高地板上的輕鬆自在

將二代同堂中的小孩家庭樓層重建的案例。目標是打造出一個視線能夠延伸至LDK旁公園風景的舒適空間。

另外因為孩子還小，所以沒有設置隔間，取而代之的是彷彿附屬於LDK的一大空間。偶爾可以是大人們的讀書間，是一個能自由運用的架高地板空間。

建築概要
總樓地板面積／95.4㎡（小孩家庭樓層）
設計／ageha
案名／passage

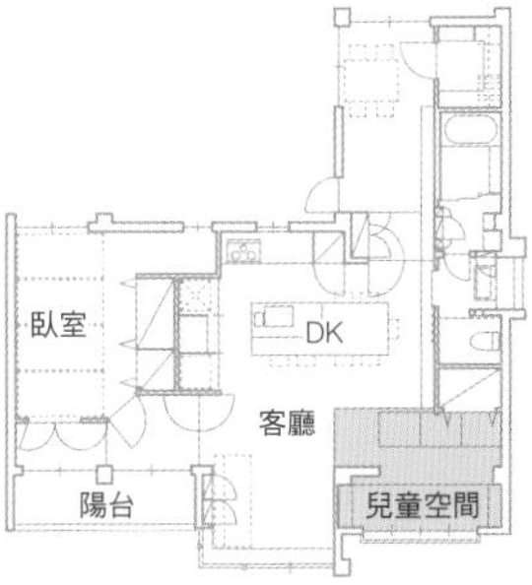

將每個獨立的房間解體成結構體狀態，不論在哪都能通風良好。視線延伸到戶外，沒有視野障礙的住宅設計，將基地的優點發揮到極致。

為美麗的
家找到
合適的

餐桌椅

**挑選的每張有不同設計
也是一種樂趣所在的餐桌椅。**

1

3

2

5
Tip Ton
將前腳設計成僅僅9度傾斜，就能使骨盤和脊椎保持在正確的位置。
26,000日圓
（hhstyle.com 青山本店）

4
SEVEN CHAIR
用光滑曲面的木板夾板表現出完美比例的不朽名作。
49,000日圓～
（Fritz Hansen）

3
Wang
承襲中國傳統椅子造型的同時，注入簡約現代風的設計。
147,000日圓
（TIME&STYLE）

2
CH24／Y型椅子
Y字形椅背和手工繩編坐墊設計，風靡全世界。
79,000日圓～
（CARL HANSEN& SON JAPAN）

1
Standard SP
將Jean Prouvé's的名作使用強化塑膠x鐵的再現款式。
49,000日圓
（hhstyle.com 青山本店）

4

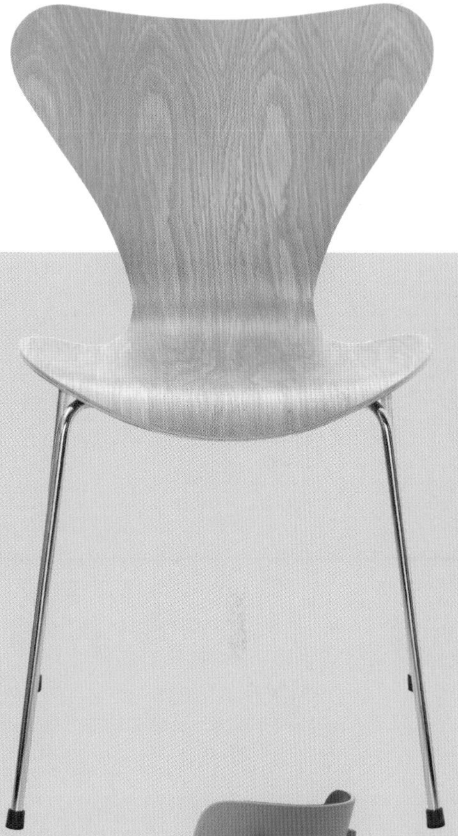

5

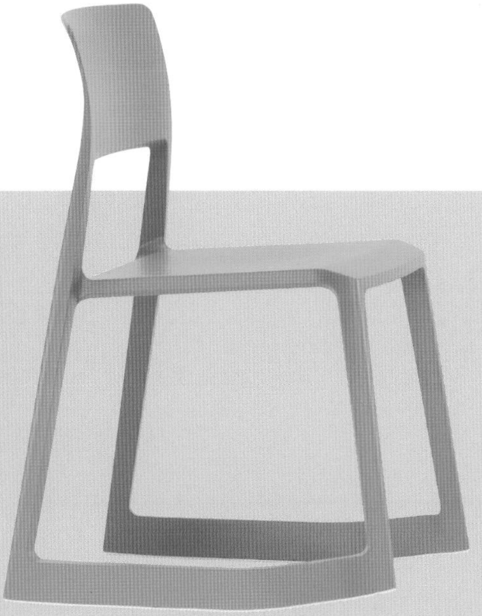

7

6

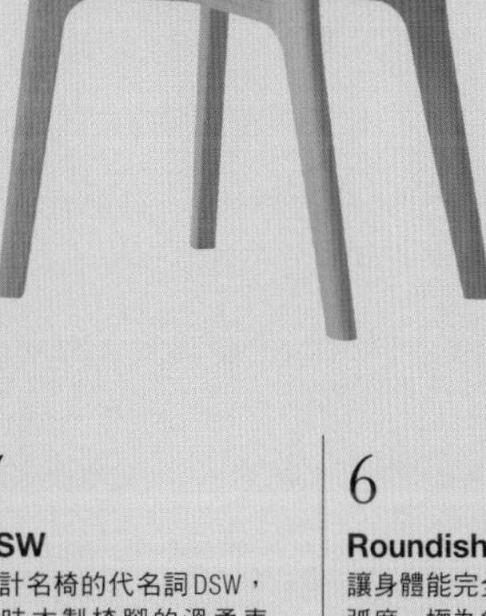

建築師的建議

坐面的高度就算只有1、2公分差別，也會改變坐著的舒適度。建議購買前要實際試坐。購買國外品牌時更是要特別注意。（ondesign & Partners Architects Office・西田 司）

就坐或是打掃時，是否能輕易提起也是選購重點。大約是小孩子能夠挪動的重量即可。（奧野公章建築設計室・奧野公章）

選購時應考慮風格或尺寸是否和餐桌相襯。選擇附有扶手的椅子時，建議脫下鞋子實際試坐。（桑原茂建築設計事務所・桑原 茂）

7
DSW
設計名椅的代名詞DSW，品味木製椅腳的溫柔表情。
54,000日圓～
（hhstyle.com 青山本店）

6
Roundish
讓身體能完全貼合的彎曲弧度，極為舒適的椅子，是深澤直人的設計作品。
74,000日圓
（MARUNI木工）

為美麗的家找到合適的

餐桌

在用餐與家人聊天時扮演重要腳色的餐桌

2

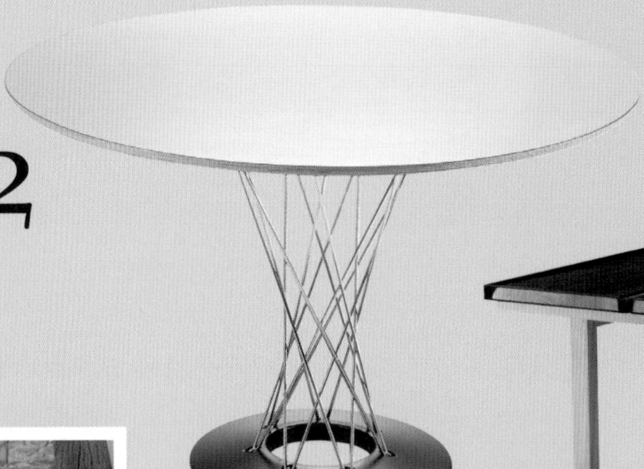

1

3

5

T.U.
三種顏色的桌腳和面板，不論是簡約或是普普風，可以任意組合成喜歡的風格。
238,000日圓
(ligne roest tokyo)

4

Fundamental furniture餐桌
四方型框架構成的桌腳呈現出輕快的設計感。桌腳的位置可以變換。140,000日圓～(BUILDING)

3

Memory Dining Table
將雕刻或是老舊的木片拼貼成面板，呈現出豐富表情的設計。
188,000日圓
(TOKYO KITCHEN STYLE)

2

Isamu Noguchi 餐桌
螺旋狀的桌腳造型令人印象深刻。
Ø120cm 362,000日圓
(hhstyle.com 青山本店)

1

Established & SONS Udukuri
讓木紋浮現的「浮刻」傳統技術所製作的和風餐桌。
3,956,000日圓
(TOKYO KITCHEN STYLE)

4

6

5

建築師的建議

選購時需考慮到住宅全體照明、地板材和其他家具等，是否和餐桌尺寸及設計相襯。特別是周圍有設置固定家具的情況，建議先和建築師討論。（H.A.S.Market・長谷部 勉）

建議要實際試坐，感受與坐在桌子對面的人的距離感。可以攜伴到店裡選購，互相確認使用感覺。（APOLLO・黑崎 敏）

需要仔細確認長寬高等尺寸。就連搬入方法也要事先確認，免得發生「沒辦法通過走廊」這種問題。（直井建築設計事務所・直井克敏）

6

NETO TABLE

豔澤的玫瑰木薄板構成的美麗桌腳，雖然只有一支桌腳也能呈現從容不迫的優雅存在感。1,230,000日圓（Minotti COURT）

1-3
半室外空間
中庭、陽台、甲板露台

沐浴著溫暖陽光的甲板露台，
或是從廚房裡眺望的中庭美景。
能夠感受大自然的住宅，
將為每天的生活注入多采多姿。

在寬敞的屋頂
享受綠意盎然

建築概要
基地面積／186.84㎡
總樓地板面積／201.58㎡
設計／村田淳建築研究室
案名／中海岸的中庭住宅

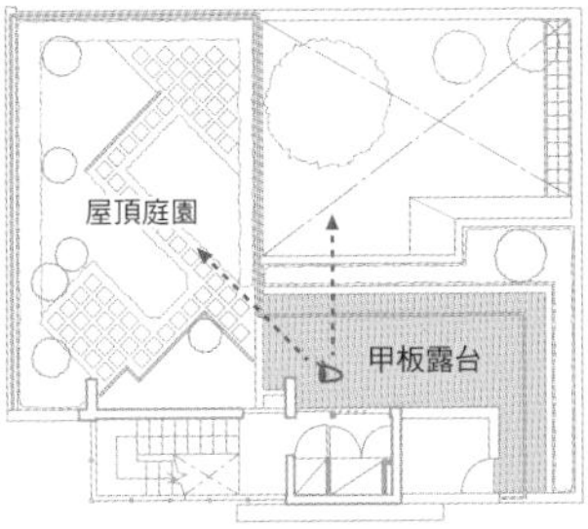

這是一間每天都能享受綠意的二代同堂住宅。在日照充足的三樓，設置了兩個家族共享的屋頂庭園。全家人在這裡種植喜愛的花草或是青菜。偶爾也可以在遮陽傘下方的圓桌用餐。

另外，藉由植物的蒸散作用和土壤的隔熱效果，可以減少建築物的熱負荷。能夠減少夏天冷氣的使用，具有令人期待的節能效果。

藉由植物的種植提升建築物的隔熱性。在景色優美的庭園裡感受四季變化。

有如在街上散步般充滿綠意的家

建築概要
基地面積／268.08㎡
總樓地板面積／126.52㎡
設計／石井秀樹建築設計事務所
案名／東村山的家

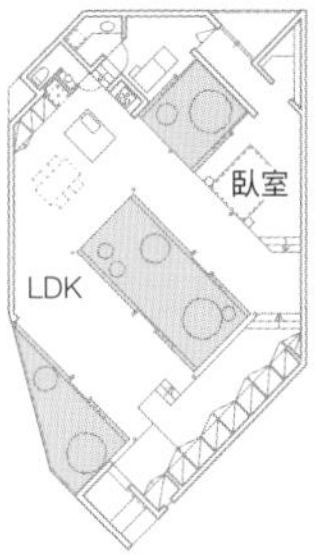

屋主期望在家中享受自由的氣氛，為了完成屋主的夢想，建築師提出有如雜木林般的中庭住宅計畫。加上各種不同質感的地板及高低差，營造出有如漫步在街道般的氣氛。

將每個房間都配置成圍繞在中庭周圍，讓全家人不論在哪裡都能享受綠意盎然，並感受季節推移的變化。

種植於基地中央的雜木林，為室內帶來光線，也能感受到自然的氣息。

被沒有玻璃窗的牆面包圍的土間露台

建築概要
基地面積／112㎡
總樓地板面積／72.84㎡
設計／NIKO設計室
案名／鷲巢家族的家

此住宅位於變形的角型基地上。守護全家人隱私的是，呈現出曲面的大面外牆。

在建築物和外牆之間的空間裡，種植了兩層樓高的樹木，這裡就是獨特的「土間露台」。外牆的開口部沒有裝置玻璃窗，和屋外的街道呈現出若即若離的距離感，在密集住宅區也能擁有沉穩的生活空間。

在「土間露台」裡享受自由的生活方式。沒有玻璃窗的開口部，將街道與室內緩和的連結。

將建築物和外牆之間的空間，當作半室外空間使用。上部敞開設計，讓充足的自然光灑落。

從兩種方向享受時尚的和風中庭

建築概要
基地面積／120.96㎡
總樓地板面積／111.46㎡
設計／LEVEL Architects
案名／八雲的住宅

為了確保足夠採光，在住宅中設置了中庭，不論從和室或客廳都能夠享受中庭美景。用鐵平石鋪設有如踏腳石般的通道，享受立體景觀視野。並且栽種了御殿場櫻、雞爪槭、黑竹和光臘樹等植栽，自然地將和風意象帶入庭院。地披植物則種植了木賊和玉龍草。

利用真砂土固定表土，避免雜草叢生，讓庭院整理變得更輕鬆。

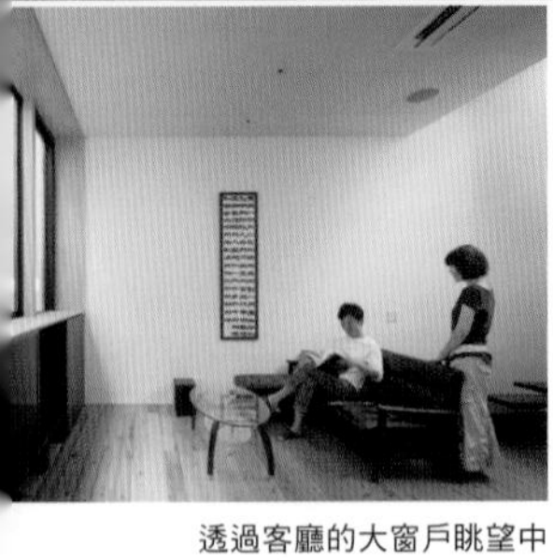

透過客廳的大窗戶眺望中庭綠意。

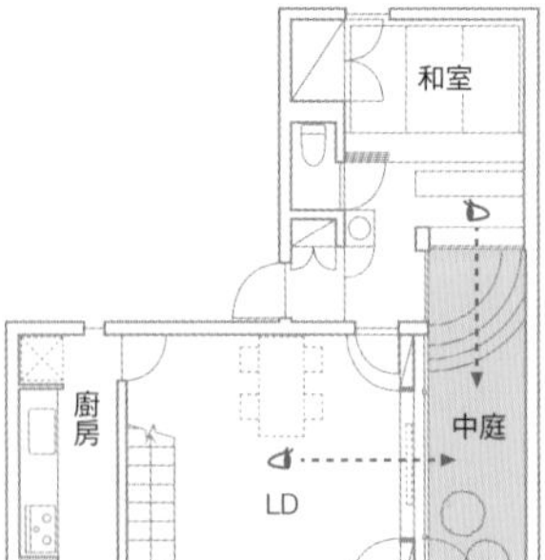

「隙縫露台」是家中的第二個客廳

屋主的夢想是擁有和友人一起歡度時光的ＬＤＫ和露台。於是在一樓配置了寬敞的ＬＤＫ，以及和ＬＤＫ使用相同甲板材地板的露台。

被牆壁及開口部圍繞的露台，可以是假日全家人悠閒用餐的空間，彷彿是這個家的第二個客廳。另外，雖然露台被高牆圍繞，但是在各處配置了窗戶，以及上部敞開設計，打造成一個能夠仰望天空，又能感受戶外微風的空間。

建築概要
基地面積／72.65㎡
總樓地板面積／98.60㎡
設計／都留理子建築設計STUDIO
案名／世田谷S邸

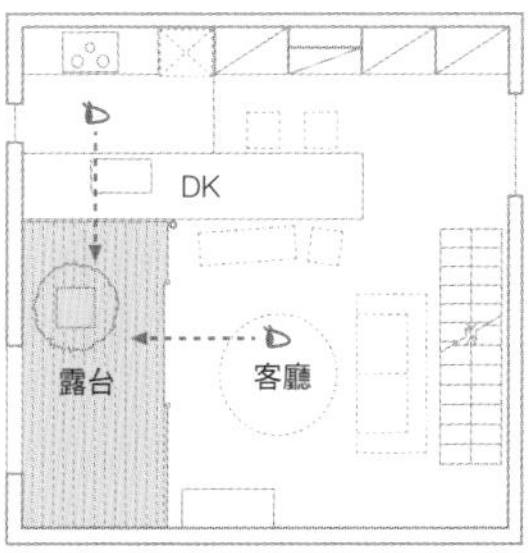

從客廳往露台眺望，就能享受自然光線，使露台有如中庭般的存在感。

從客廳往外眺望。視野往外擴展延伸的同時，也適當地保有各房間的隱私。

所有的房間都由中間的室外樓梯連接

建築概要
基地面積／108.9㎡
總樓地板面積／70.86㎡
設計／佐藤尚宏建築設計事務所
案名／K box

將走廊及樓梯等房間以外的元素都配置在戶外，是這棟住宅的特色。在基地中央設置這樣的室外空間，不論從哪個房間都能擁有極佳的穿透視野。

雖然進出各個房間必須要走到戶外，但也因此才能使每個房間都能眺望這個樓梯空間。除此之外還能增進家人間的交流。

被精心設計的外牆包圍的療癒小屋

配置於客廳旁的客房，平常是將採光拉門敞開，當作與客廳連續的角落使用。訪客到來時才將拉門關上，搖身一變成為悠閒寬敞的客房。

不論是客廳或是榻榻米角落，都設置了一面向小庭院敞開的窗戶。並且在外牆各處設置狹縫，不僅守護屋內隱私，也透過小庭院將光線和涼風帶入室內，打造出具有開放感的生活空間。

建築概要
基地面積／110.00㎡
總樓地板面積／94.60㎡
設計／石井秀樹建築設計事務所
案名／石神井台的家

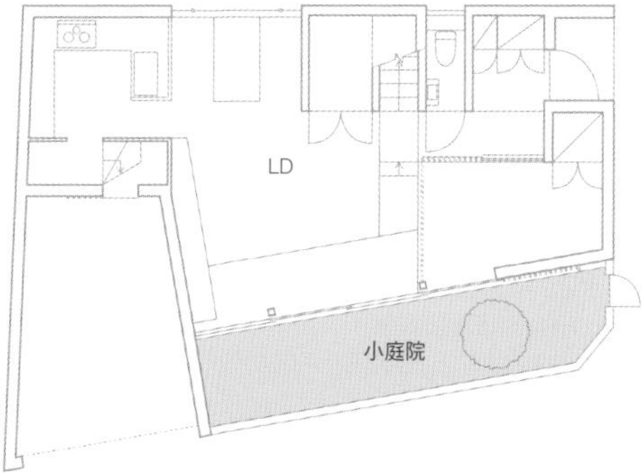

在小庭院鋪上白色鵝卵石。白天反射陽光顯得更明亮，夜晚則充滿寧靜的和風之美。

在寬敞的中庭隨時感受陽光和家人氣息

藉由設置大片窗戶與中庭，讓整個家充滿了光線。

建築概要
基地面積／257.54㎡
總樓地板面積／203.08㎡
設計／APOLLO
案名／SHIFT

這是一間郊區住宅，充滿著在都市無法感受到的悠閒氣息。除了自住之外，還規劃了一個空間，當作女主人未來的瑜珈教室，不論是自住空間或是瑜珈教室，都具有良好採光以及極佳的視野。

最大的特徵就是位於建築物中央，挑高至二樓的超大中庭花園。並將每個房間使用跳躍式樓層設計圍繞著此空間，不僅打造出迴遊動線，也成為一間高機能性的住宅。

平面式的廚房料理台。下廚的同時視線望向中庭，即使在小巧的空間裡也不會感到擁擠。

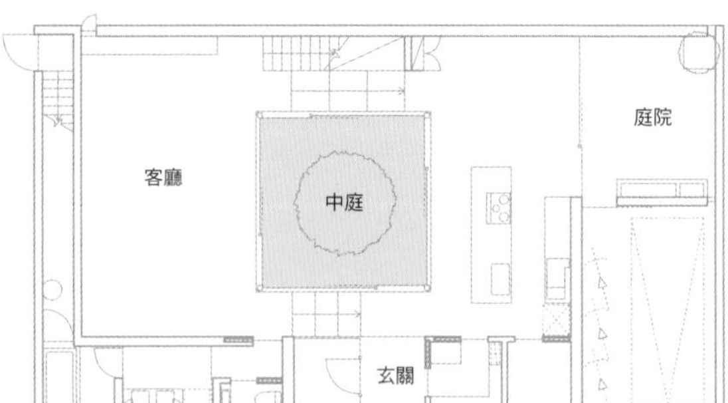

由小庭院守護的私人空間

屋主非常重視住宅的隱私感。住宅以「溫泉旅館的氛圍」的印象為基礎，將LDK等共用空間與臥室等私人空間圍繞著中庭。

在面向中庭的其中一側配置附有屋頂的露台，當作室外客廳使用。而露台沒有外牆包圍，設計成開放式的構造。

建築概要
基地面積／727.22㎡
總樓地板面積／199.27㎡
設計／八島建築設計事務所
案名／鴨居的家

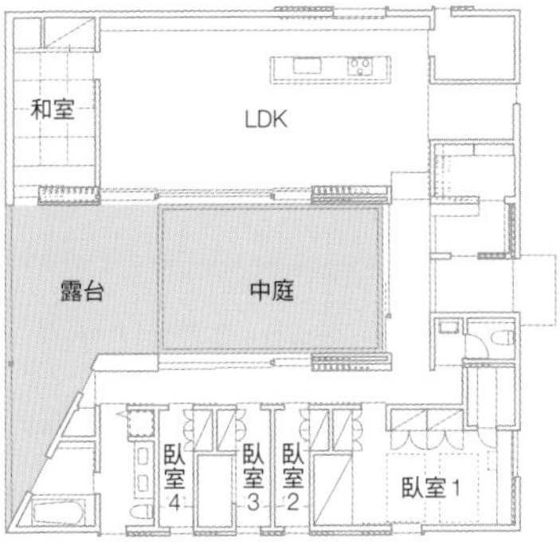

夜晚降臨後，室內空間映出柔和光線，讓中庭充滿浪漫的氛圍。營造出和白天完全不同的氣息。

不論從客廳或是臥室都能到達中庭。

狹縫窗設計讓光線和涼風進入每個空間。在面積有限的基地內也能營造出悠閒，擺脫擁擠感，打造舒適的住宅空間。

東側的狹縫採光窗打造忙裡偷閒的時光

建築概要
基地面積／95.87㎡
總樓地板面積／103.87㎡
設計／直井建築設計事務所
案名／Y邸

每日忙碌的屋主夫婦建造了一棟有如渡假飯店的住宅，為兩人在僅限的時間裡除去一整天的疲憊。其中兼具隱私與開放感，貫穿南北的狹縫窗是此住宅的特徵。

狹縫窗設置於建築物的東側。陽光透過狹縫窗進入甲板露台、餐廳以及一樓空間，強調與室外的連結感。由室內空間往窗戶眺望時，可以避開多餘的障礙物，盡情享受一望無際的藍天。

一到夜晚，各個房間透過狹縫窗映出光線，為甲板露台增添另一種情趣。家人們也能隨時感受到彼此氣息。

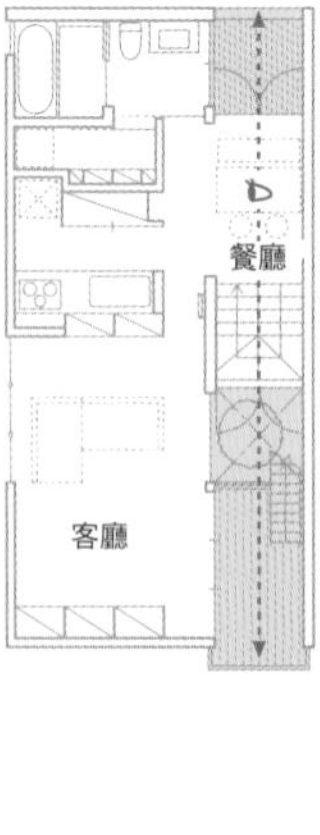

用寬敞屋簷的甲板露台和戶外連結

深度1.8m，寬1.1m的L型陽台。為了防止風雨打進及日曬，設置了足夠深度的屋簷，讓全家人都能在這個陽台輕鬆用餐或聚會。

將客廳和陽台的天花板設置相同高度，另外再設置和天花板同高的玻璃窗，強調室內外的連續感。在陽台周圍設置部分外牆，使介於室內外之間的陽台發揮了緩衝空間的效果。

建築概要
基地面積／125.47㎡
總樓地板面積／78.54㎡
設計／imajo design
案名／町田的家

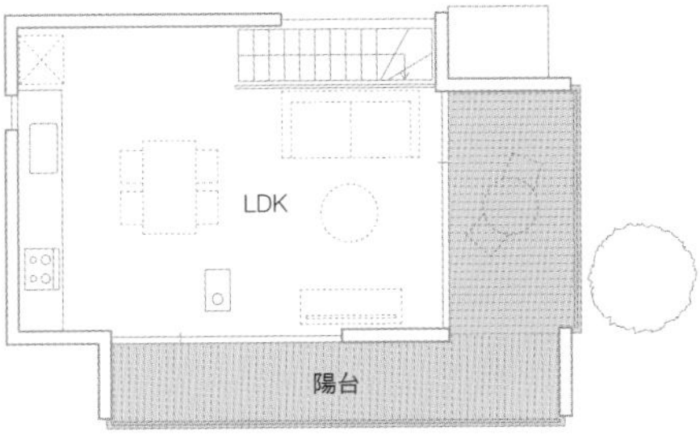

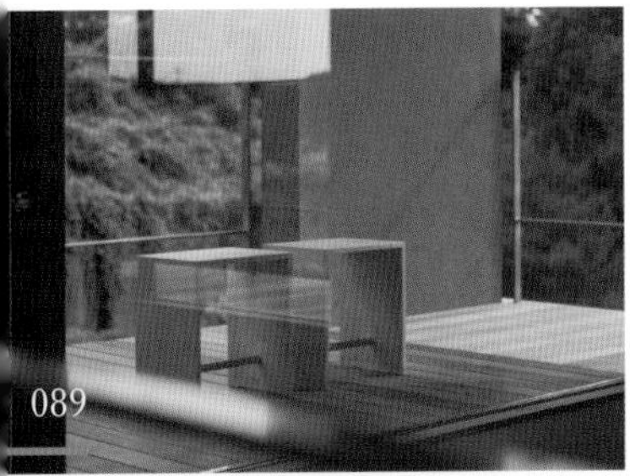

除了出入的門扇，其他位置都設置了落地窗。盡量避免窗框出現在視線裡，藉此縮短室內外的距離。

為了能享有極佳的視野和通風，在室內的對角線上設置了同樣尺寸的窗戶。並利用鋼鐵製作出固定窗和拉窗的組合窗。

切開屋頂
仰望藍天的
第二個客餐廳

建築概要
基地面積／303.16㎡
總樓地板面積／110.90㎡
設計／石井秀樹建築設計事務所
案名／箱森町的家

為了能隨時隨地感受湛藍的天空，將往南側傾斜的屋頂設置大面積的開口部。再加上悠閒的露台，以及和室內的連續感。是一個將藍天帶進室內的設計。屋頂開口部邊緣的斜角設計，讓藍天看起來更美，也將天空與室內的距離拉近。在第二個客餐廳的悠閒生活令人期待不已。

將露台的和室內的客餐廳設計同樣寬度，並命名為室外客餐廳，可以隨心所欲地使用空間。

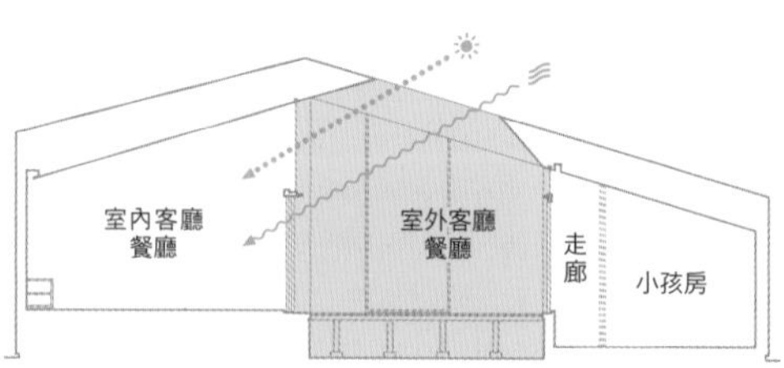

能夠悠閒交流的自由空間

這是一間屋主自住兼6間租賃住宅的住宅計畫。為避免彼此形同陌路，並營造出讓房客們都能輕鬆地打招呼的友善居住氣氛，設置了中庭，將每戶都緩和地連結起來。並且將每間住宅的玄關或樓梯面向中庭，使房客能夠自然地交流。

另外，設置了寬敞的屋簷下空間，即使雨天也能使用。為房客們營造能夠自在生活的空間。

建築概要
基地面積／166.96㎡
總樓地板面積／217.28㎡
設計／NIKO設計室
案名／ISANA

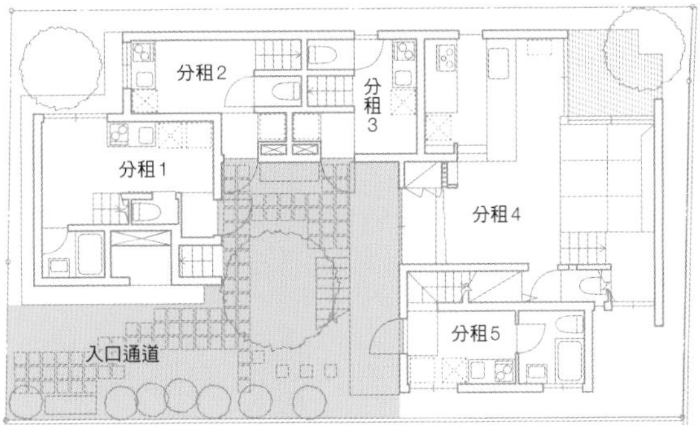

中庭是房客們的交流空間。既能保持恰到好處的距離感，也可以促使房客們的感情交流。

將小巧的房子聚集而產生的住宅外觀，有如一個小小住宅街道。住戶們保有生活隱私的同時，也能在中庭和其他房客輕鬆交流。

視線從客廳延伸到L形甲板露台

建築概要
基地面積／135.44㎡
總樓地板面積／127.70㎡
設計／LEVEL Architects cts
案名／大船的住宅

以L型延伸的甲板露台，是一個被外牆圍住的高隱私空間。而種有主樹的中庭，具有緩衝客廳及室外空間的效果。

半戶外空間的甲板露台，是大人與孩子們都喜愛的空間。

將客廳的落地窗打開後，露台搖身一變成為客廳的寬敞延伸空間。不僅具有遮住外來視線的效果，也能提升室內的隱私性。

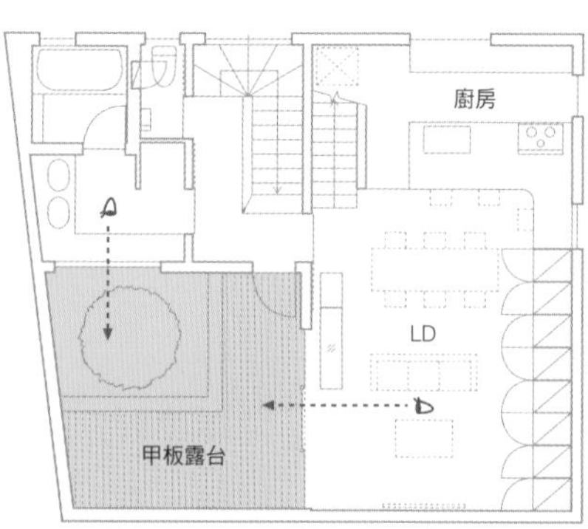

天氣晴朗的日子裡來回於室內和甲板露台，享受自在的生活方式。景色由室內向戶外延展開來，在客廳也能坐擁寬敞的視野享受。

和兩個大小不同的獨特露台共同生活

基地位於接近海邊、一到夏天就有穿著泳衣的遊客們漫遊街道的開放區域。藉由設置多個庭院和露台，並且為了能活用這個基地的地域性，打造出一間露台住宅，讓全家人都能擁有「盡情享受室外環境」的生活方式。

設置大小不同的露台，能誘導居住者走出室內，享受涼風與陽光的悠閒時光。也提供全家人各式各樣的空間使用方式以及生活方式。

建築概要
基地面積／113.33㎡
總樓地板面積／97.68㎡
設計／ondesign & Partners Architects Office
案名／露台住宅

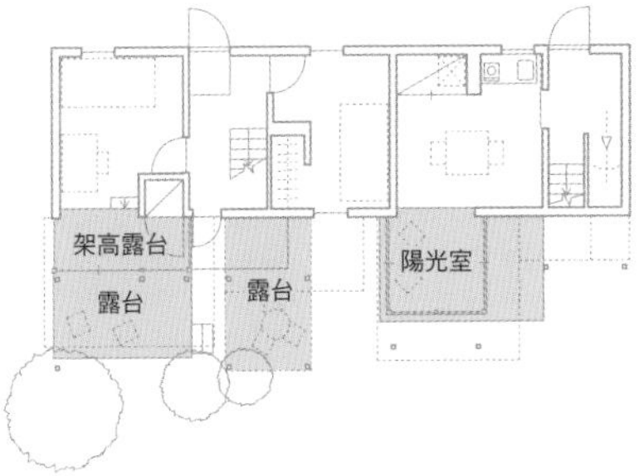

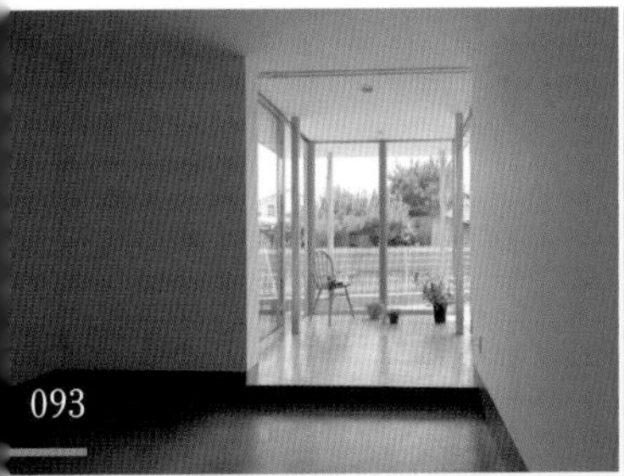

各種不同大小尺寸的露台，讓每個房間擁有獨特的風格。

能在庭院盡情享受B.B.Q、花草種植以及戲水等，因應地域性而生的住宅計畫。在各個房間設置獨特的露台，強調室內外的連結感。

窗外展開一片綠意療癒身心

這是一間以ㄈ字形圍繞中庭的中庭住宅。若將木製框的窗戶關上，中庭的綠意透過玻璃窗映入眼簾，使室內充滿生機盎然。

在中庭主樹周圍鋪設甲板，讓客廳和臥室彷彿和室外連接，甲板露台也當作室內的延長空間使用。

享受被綠意盎然圍繞的中庭住宅。將甲板露台和室內的地板設置成同樣高度，以便能輕鬆出入室內外。

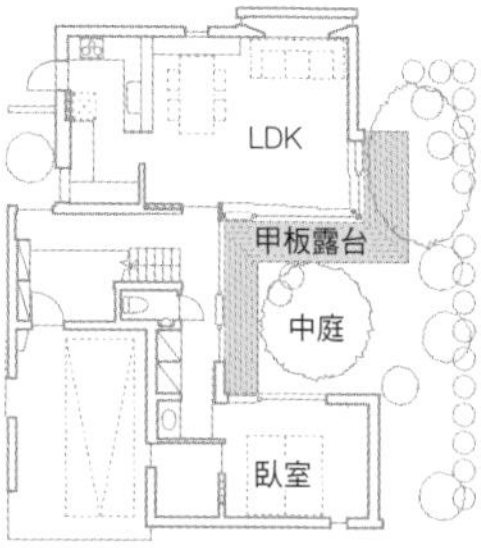

建築概要
基地面積／189.23㎡
總樓地板面積／133.31㎡
設計／村田淳建築研究室
案名／成田東的中庭住宅

附有屋頂的甲板露台與室內連結

在二樓稍微獨立的嗜好間與和室之間，設置了有天窗的屋頂。形成一個附有屋頂的露台，可以在此安心度過悠閒時光。

周圍被屋頂和牆壁包圍，使空間充滿沉穩的氛圍，彷彿成為室內的延長空間。這裡同時也預計要種滿各種植物，不久後就是個綠意盎然的空間。

建築概要
基地面積／150.80㎡
總樓地板面積／139.94㎡
設計／村田淳建築研究室
案名／浦和的2棟住宅的家

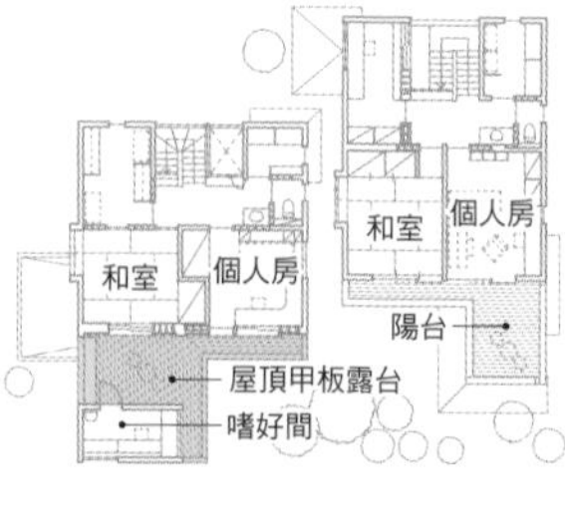

映出四季變化的中庭牆面

這是一間位於南北狹長型基地上的住宅。將「獨棟住宅絕對要擁有的中庭」與臥室、客廳和浴室空間分別連結起來。

灰泥塗裝的雅緻牆面，彷彿寬敞天窗的畫布，美麗的映出玻璃窗外的藍天。

建築概要
基地面積／231.7㎡
總樓地板面積／98.1㎡
設計／MDS一級建築士事務所
案名／岡崎的家

平面或是剖面都具有豐富變化的室內空間。由單斜面屋頂所構成的簡約天花板造型也是住宅的特色之一。

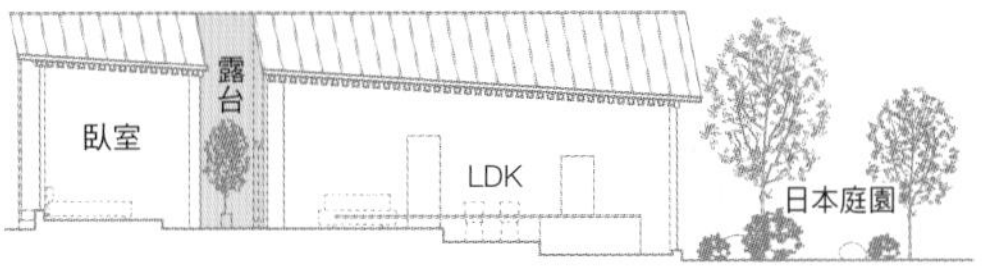

兩個半室外空間讓地下室也有視線穿透感

基地的南側與西側都與私人道路鄰接。住宅南側的私人道路為死巷，為了能夠將住宅圍繞私人道路，因此決定和鄰宅並排而建。

並且將客廳配置於地下室，以確保隱私。再配置兩個中庭，使客廳能保持寬敞感。藉由室外空間的設置，讓客廳能和一樓連結，雖然位於地下空間也絲毫沒有壓迫感。

建築概要
基地面積／150.86㎡
總樓地板面積／207.74㎡
設計／MDS一級建築士事務所
案名／目白的家

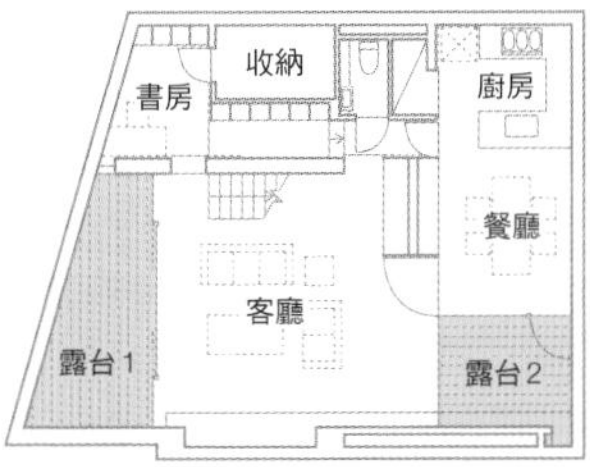

Chapter 2
講究
細部設計

2-1
窗戶
陽光、微風
與綠意的入口

擁有採光與通風機能的同時，
窗戶也是一張擷取屋外景色的畫布。
不僅能確保隱私，
也能因配置的位置和設計決定住宅的風格。

俯視森林擁有浮游感的飄浮房間

建築概要
基地面積／197.09㎡
總樓地板面積／92.03㎡
設計／石井秀樹建築設計事務所
案名／富士見之丘的家

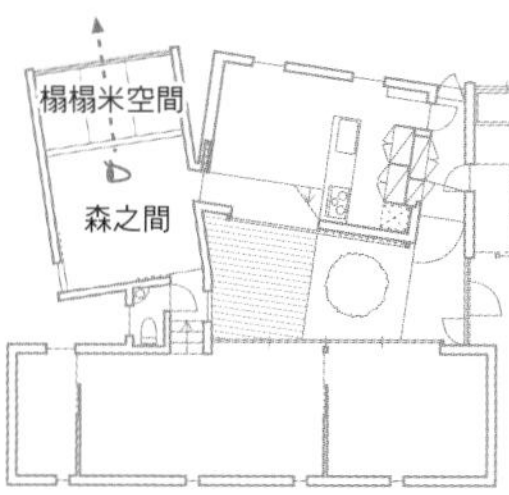

在窗邊配置了一個可以遠眺森林的架高榻榻米空間，並命名為「森之間」。坐在沙發上無法眺望地面的隱藏感，以及橫長型的廣角窗戶，打造成一個享受全景視野的悠閒空間。另外，為了盡量減少窗戶的存在感，設置了特製窗框的固定窗，令人盡情享受有如大螢幕般的窗外美景。

將天花板設置成斜向窗戶的斜面設計，誘導室內的視線自然而然地往森林方向眺望，彷彿身處飄浮在森林上方的空間。

地板為可裝置地板暖氣的樺木地板。固定窗的鐵製窗框為訂製品。

AEP無光澤塗裝的天花板與牆壁，柔和映出從窗戶進入的光線。

將視線與陽光柔和化的細木條門與障子

建築概要
基地面積／305.01㎡
總樓地板面積／199.78㎡
設計／八島建築設計事務所
案名／牛久的家

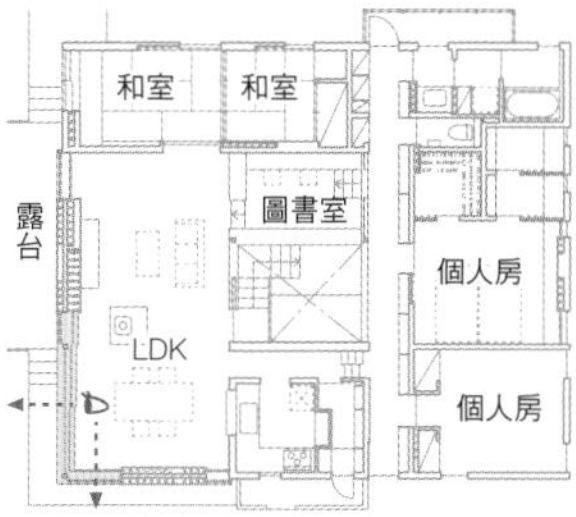

這是一間從寬敞的客廳就能眺望庭院前方的公園景色、充滿開放感住宅。但是，為了能遮住由公園而來的視線感，於是設置了細木條拉門。具有蕾絲窗簾的效果，享受朦朧的屋外景色。而大面積的屋簷則具有緩和直射光的作用。

另外再加上一層障子，防止夜間氣溫過低。在窗戶下方設置加溫板（Panel Heater），一年四季都能常保舒適。

廚房、餐廳和客廳為一個連續空間。柳安木材打造的天花板賦予空間柔和的氣氛。

以跳躍式樓層設計的平房為基礎，加上從LD可以直接進出庭院的住宅計畫。在面向南側的開口部上，設置了寬敞的屋簷，避免夏日強烈的直射光進入室內。

從廚房眺望有如畫一般的美景

建築概要
基地面積／65.01㎡
總樓地板面積／129.12㎡
設計／都留理子建築設計STUDIO
案名／下作延K邸

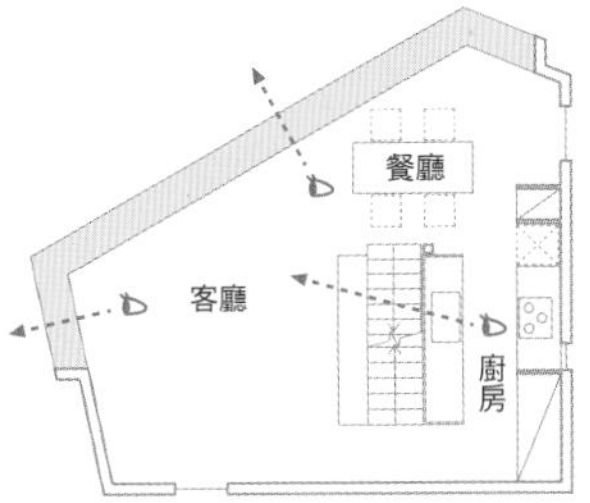

住宅位於周圍被大樹環繞的非正方形基地上。在西北方向設置對外敞開的開口部，將樹林和綠意絕景帶入室內，打造成令人放鬆愜意的住宅空間。

站在廚房便能透過眼前的全景窗戶，享受眼前的豐富綠意，彷彿置身於森林之中。室內統一使用俐落潔白的簡約設計，使窗外景色有如一幅風景畫般躍入眼簾。

除了臥室和衛浴空間之外，將其他空間不分上下樓，緩和地連結成一個大空間。

將瓦斯爐設置在牆壁側，而附有洗水槽的廚房調理台則設置成中島造型。進行清洗工作的同時，也能和客廳的家人們交流，或是享受窗外的美景。

利用東側的窗戶將綠地當作「自己的庭院」

建築概要
基地面積／92.65㎡
總樓地板面積／78.48㎡
設計／NIKO設計室
案名／三輪家族的家

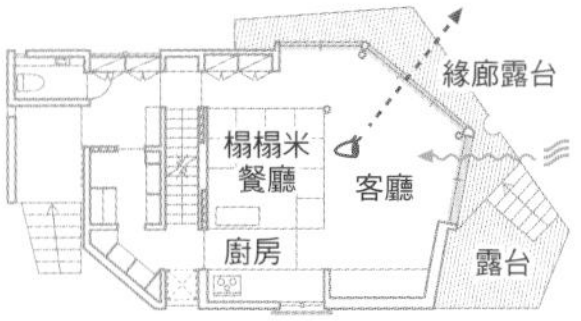

為了能將面向綠地的優點發揮到最大極限，將一樓的地板高度設置成高於地面1.4m高。並且從LDK的超大窗戶感受和綠地的一體感。

客廳的開口部全面使用木製的門窗框，與生動的天花板屋樑，使空間充滿大自然的氣氛。另外，將窗戶的高度壓低，令人彷彿被樹木包圍般，賦予空間無比的安心感。

放射狀展開的木製屋樑設計，使現代風的空間充滿柔和的氣息。

超大的餐桌是使用白樺木製作的原創設計。周圍環繞著榻榻米座椅。利用大量木材打造出寬敞悠閒的空間。

用超大拉門將露台生動地連接起來

建築概要
基地面積／274.64㎡
總樓地板面積／78.67㎡
設計／APOLLO
案名／MUR

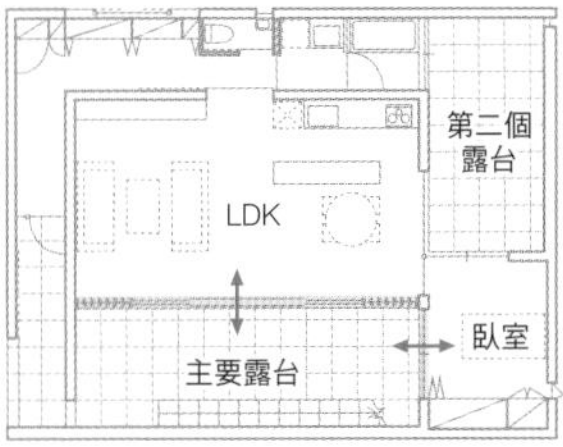

基地位於斜坡上的高台，因此需要解決基地的高低差以及確保隱私性。因為是寬敞的平房，如何避免成為單調的一大房空間也是重點之一。

於是設計了一條迂迴小路通往LDK的住宅計畫。若將大型的玻璃拉門敞開，就能和主要露台成為一個連續空間，使住宅空間變得更寬敞。

室內的牆壁使用珪藻土塗裝，地板則使用厚度為28㎜的耐久性實木地板，品味隨著時光變化的痕跡。

在簡約的外部裝潢裡，也有考慮到保養問題而使用光觸媒塗料。不容易沾染髒污，保養程序也非常簡單。

打造出追逐著太陽的角度

建築概要
基地面積／1018.39㎡
總樓地板面積／95.19㎡
設計／ondesign & Partners Architects Office
案名／沿著風景的房子

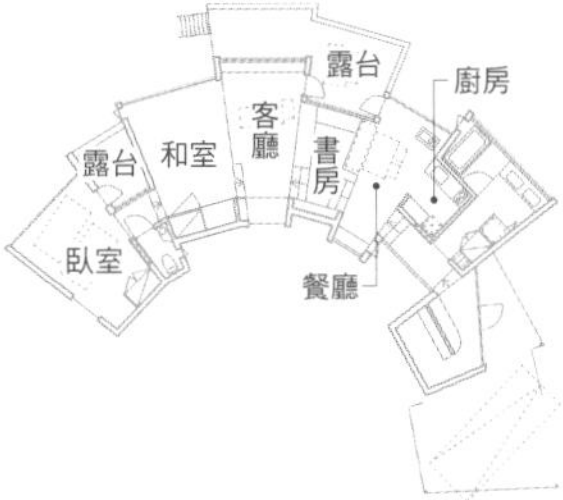

配合太陽移動的角度，在每個房間都設置了有角度的大窗戶。利用微傾斜的窗戶將眼前的森林美景取下，有如畫框般妝點室內色彩，為房間營造出氣氛。

在客廳空間使用和紙、榻榻米、竹片編織和珪藻土等，賦予和風氣氛的材料。地板則配合基地的斜度而打造出高低差。善加利用高低差和凹凸不平等基地條件，打造出精彩的觀景住宅。

將和風元素成功的帶入空間，也具備地板暖氣等最新機能。並加裝柴火暖爐，一年四季都能擁有舒適空間。

利用無框的窗戶將室外的綠意與室內空間融合。

往上敞開的露台讓天空更靠近

一樓為屋主自住，二樓則是租賃住宅的兩層樓木造建築。刻意將二樓分租樓層設置多種不同地板高度，將屋主自住的一樓打造成擁有各種不同天花板高度的空間。

另外在一樓設置了1.5層樓高的露台。並且設置和室內相同的開口部，將露台營造成半室外空間。在下方的開口部設置窗框，防止愛貓跑出屋外。

建築概要
基地面積／155.77㎡
總樓地板面積／207.06㎡
設計／佐藤宏尚設計事務所
案名／樓梯的公寓

將不同天花板高度的空間彼此連接，為生活營造出韻律感。露台和室內使用相同裝潢材料，強調室內外的連續性。

高側窗戶保持敞開，拉近室內與戶外的距離。下方的開口部則裝置窗戶。

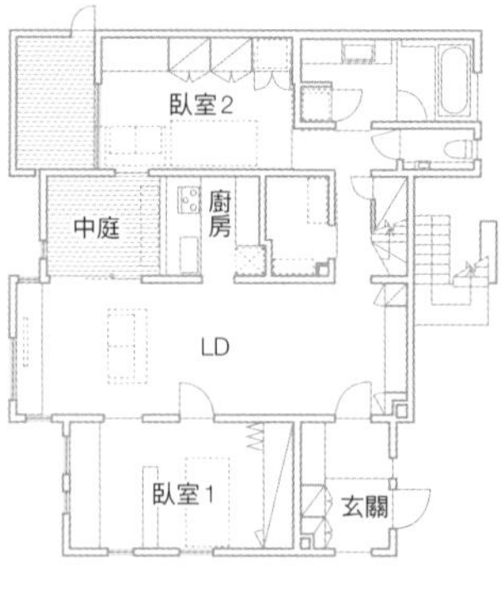

將空間挖空成玄關門廊和陽台

建築概要
基地面積／96.92㎡
總樓地板面積／77.47㎡
設計／MDS一級建築士事務所
案名／富士見野的家

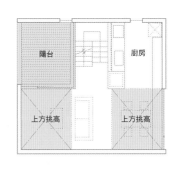

在各種位置設置尺寸不同的內挖窗，為室內打造出各種「空間」。將陽光和涼風帶入室內的同時，也有遮住鄰宅視線的效果。

基地位於東京近郊的密集住宅區內。為了能避開鄰宅視線、保護隱私，同時又能確保屋主期望的面積是此住宅的設計重點。為了能克服斜線限制，因此打造出最大限度的「箱子」，並且挖出玄關門廊和陽台空間，確保足夠的容積率。

在挖空的部分設置窗戶，引進陽光和涼風，為開放式的客廳帶來光影變化。另外，在高側窗下方設置間接照明，為空間添加豐富的趣味性。

高側窗營造出特別的開放空間

將高天花板的細長空間作為客餐廳使用。為了能夠在密集住宅區內確保隱私，設置了比一般還高的天花板，並且於上部設置水平的連續窗。

透過客廳窗戶看到的是鄰宅的屋頂和天空。遮住外來的視線，打造出令人安心放鬆的空間。

建築概要
基地面積／86.06㎡
總樓板面積／134.78㎡
設計／H.A.S. Market
案名／MKH

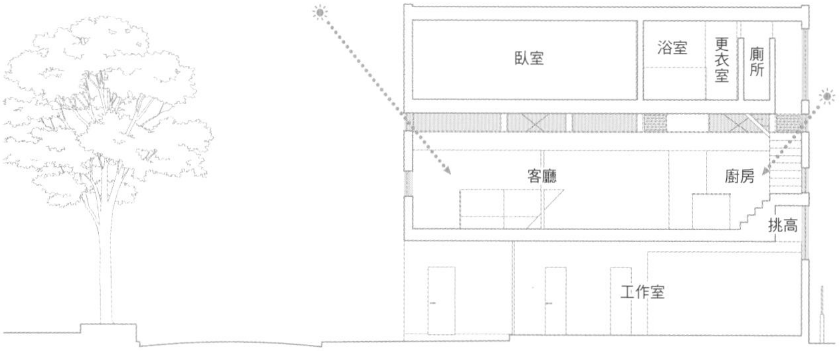

挑高天花板與高側窗（上部的窗戶）打造出明亮且開放的室內空間。

向中庭敞開具有韻律感的趣味窗戶

甲板使用防水性強的重蟻木（Ipe）。藉由不同尺寸的窗戶為中庭帶來韻律感。

建築概要
基地面積／92.65㎡
總樓地板面積／78.48㎡
設計／NIKO設計室
案名／鴻巢家族的家

面朝中庭設置了各種形式與大小的窗戶。不只賦予空間開放感，當窗戶關閉時，欣賞窗框設計也是一種樂趣。美麗的木框與玻璃固定窗和外開窗的組合，並藉由窗戶開關，為中庭增添韻律的表情。

在這個家中，中庭是一個有如緣廊般的空間。將中庭地板稍微架高，就算位於二樓也能擁有彷彿與地面連續般的氣氛。

被建築物以口字型圍繞的中庭。上部的敞開設計，營造出毫無壓迫感的舒適空間。

開啟各種角度的窗戶以及美麗的木製窗框，為空間增加一抹風情。活用木頭素材感的空間設計。

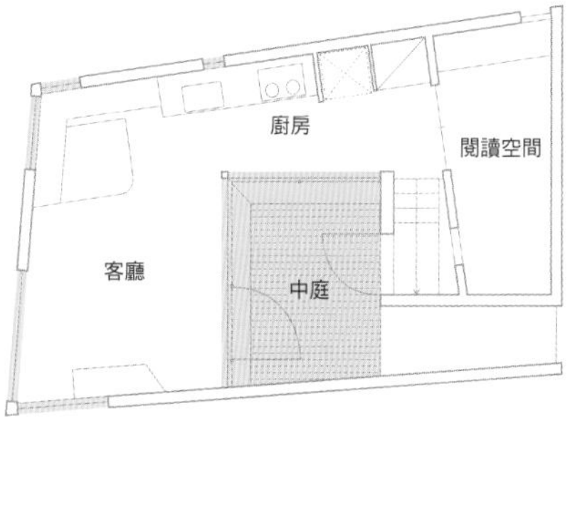

包圍著露台和客廳的固定窗

室內和露台使用相同裝潢，使寬敞感大增。

屋主的期望是「和基地旁綠地借景為特色的客廳」。考量到採光問題，因此將客廳配置在二樓，並且在客廳旁配置下雨天也能使用的室內露台。

透過客廳的玻璃固定窗，享受視線不被干擾的美景，另外將客廳落地窗打開後，便能輕鬆在露台進行室內活動。在露台前方也裝置了紗網，夏天也能享有舒適的空間。

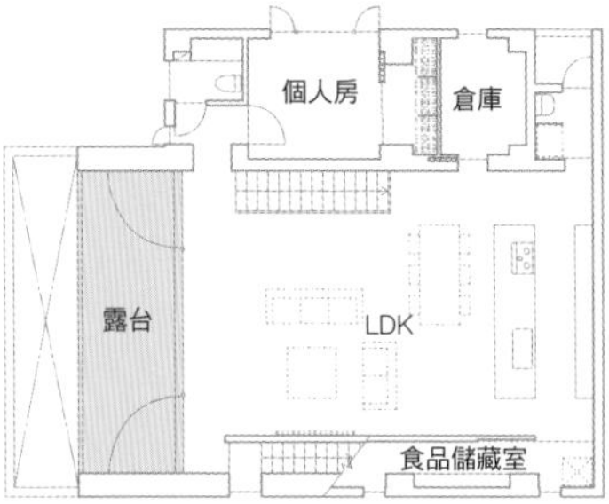

建築概要
基地面積／228.36㎡
總樓地板面積／249.55㎡
設計／八島建築設計事務所
案名／目黑的家

屋外視線衍生出的天花板設計

越過大窗戶看到的室內天花板，具有裝飾建築物外觀的效果。

基地位於將部分山林闢為建地的高台上。為了能活用基地特色，又能兼具極佳視野與確保隱私，將客廳等生活空間配置在二樓。

考量到從住宅前方道路抬頭看的視線範圍，將天花板設計成架滿屋樑建材的樣式。營造出一個充滿木頭重量感的空間。

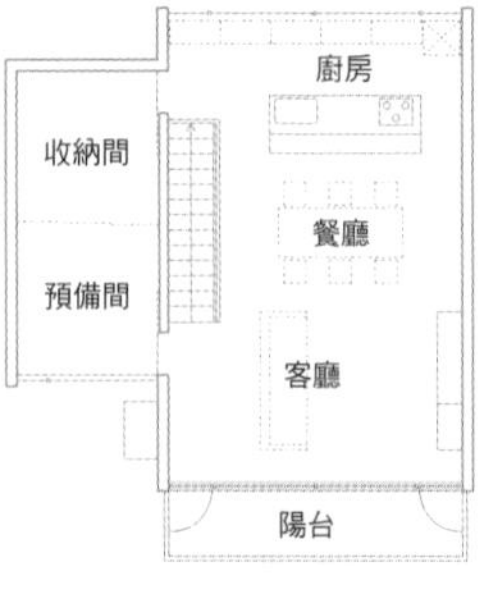

建築概要
基地面積／138.18㎡
總樓地板面積／156.63㎡
設計／MDS一級建築士事務所
案名／ 見野的家

室內陽台營造出恰到好處的距離感

在寬度僅有3．2m的小巧住宅裡，設置附有屋簷的室內陽台。雖然減少了客廳的面積，但是這個室內陽台能夠當作室內外間的中間場所，使空間的寬敞感大為提升。下雨天可以在這裡曬衣服，或是將桌椅搬出來享受午茶時光。

建築概要
基地面積／61.82㎡
總樓地板面積／90.34㎡
設計／imajo design
案名／小山台的家

室內陽台設計打造室內外之間洽到好處的距離感。在狹小基地上的小巧住宅也能打造出悠閒空間。

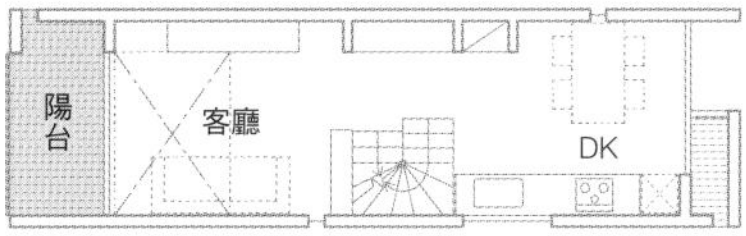

面向北側視線穿透至清澈的天空

活用客廳的挑高天花板，在高側處設置了大面積的窗戶。藉由上部窗戶的設置，不僅能保留客廳壁面，有效活用成收納或是展示空間，也能為室內帶來足夠的光線。

將大型窗戶都設置在北側，讓室內常保明亮，視線也能隨時延伸至遠方的藍天。

建築概要
基地面積／78.1㎡
總樓地板面積／278.3㎡
設計／佐藤宏尚建築設計事務所
案名／kitasawa-k

鋼鐵製的窗框營造出俐落的氣氛。沒有窗框的干擾，美麗的天空一覽無遺。

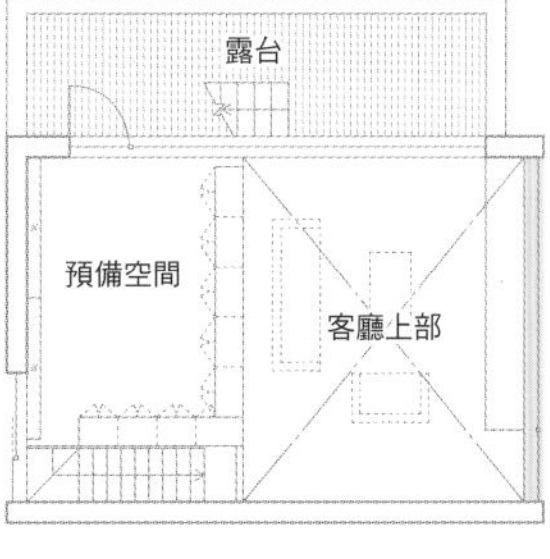

利用窗戶將屋外美景擷取下來

這間住宅有兩種窗戶：享受景色的「攝影之窗」及用來通風換氣的窗戶。將窗戶的兩種機能分解，並且為其設定限定機能，使每個窗戶的機能性提高。

除了有提高擷取戶外景色的效果，透過固定窗欣賞到的屋外景色，也為室內增添豐富地變化。

建築概要
基地面積／123.14㎡
總樓地板面積／171.20㎡
設計／充綜合計畫一級建築士事務所
案名／角之家

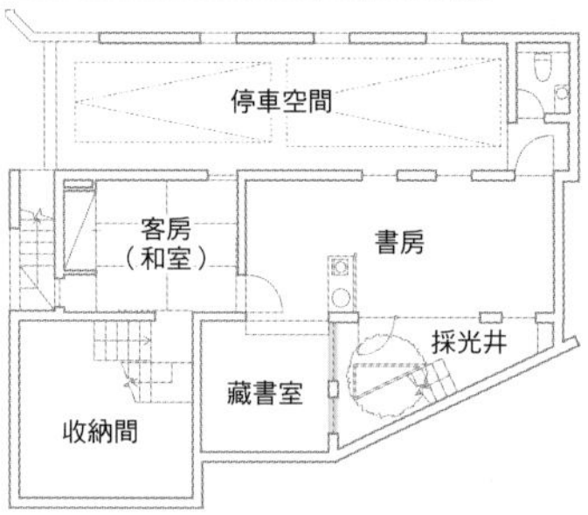

大型的固定窗將光線引進，打造明亮的空間。

透過障子品味圓形影子與和風氣息

屋主的期望是在榻榻米角落設置一個圓窗，但是最後建築師提出了「將內壁挖一個圓洞」的低成本提案。並且在正方形市售窗框內側，挖一個圓洞的內壁，讓障子映出圓形的影子。

再藉由地板的高低差與天花板高度變化，雖然空間狹小也能擁有悠閒的舒適感。

建築概要
基地面積／88.19㎡
總樓地板面積／74.32㎡
設計／充綜合計畫一級建築士事務所
案名／扇翁

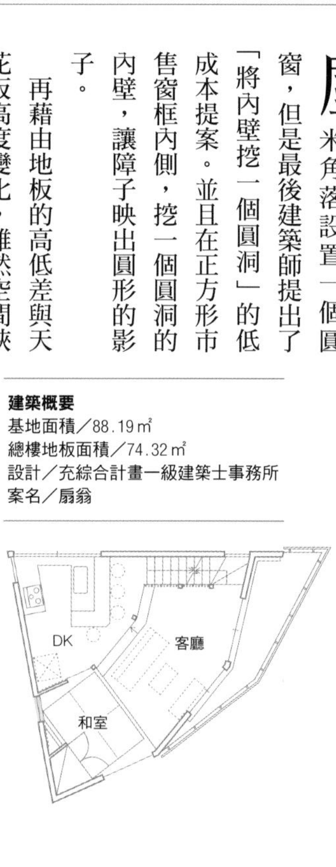

採用市售的方形窗框，並將內牆挖出一個圓形的開口部。為空間增添和風氣息。

Chapter 2
講究
細部設計

2-2
用水空間
浴室、盥洗室、廁所

全家人每天使用的用水空間。
在有限的空間裡，
能夠令人放鬆的室內調性與
高效率的動線規劃是設計的重點。

用馬賽克磁磚營造出有如洞穴般的氛圍

建築概要
基地面積／87.98㎡
總樓地板面積／149.16㎡
設計／LEVEL Architects
案名／涉谷的住宅

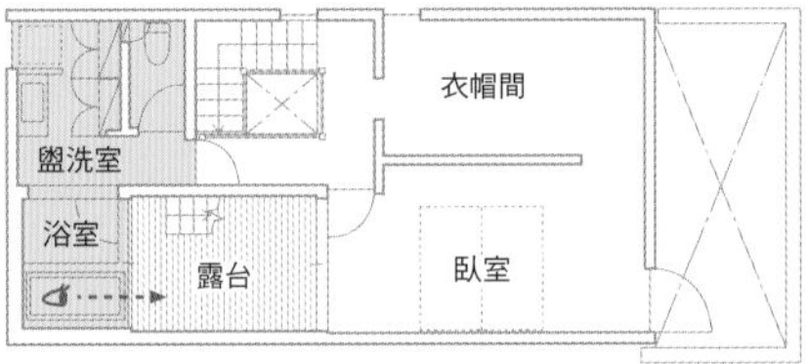

為空間增添個性的藍色磁磚是Sanwa Company的產品。

地板、牆壁和天花板都貼滿深藍色馬賽克磁磚的浴室。在這個沒有使用浴室合板的空間裡，取而代之的是清爽的氛圍，以及獨特的微暗空間。另外浴缸採用白色系，兩者的鮮明對比為空間帶來樂趣。

大面積拉門的外側是半室外空間的陽台。不必在意外來窺視，悠閒享受有如露天風呂般的沐浴時光。

都市中的最頂樓層和露台連結為一體

身為一名美術家的屋主，希望有一間和工作室結合的住宅。一樓是天花板挑高3米32，擁有開放感的工作室。二樓配置LDK，三樓則是小孩房和衛浴空間。

另外在三樓配置露台，並將浴室與露台連接。在視野絕佳的位置放置浴缸，並且藉由超大窗戶將兩個空間連結，打造出具有開放感的私人空間。

建築概要
基地面積／95.83㎡
總樓地板面積／122.45㎡
設計／都留理子建築設計STUDIO
案名／羽根木I邸

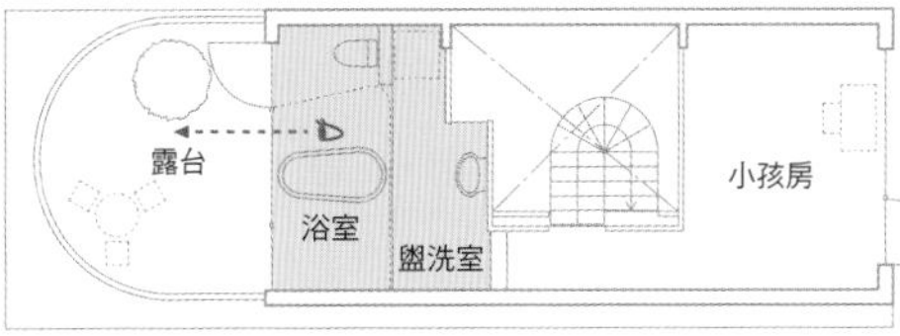

露台和浴室都使用白色FRP塗裝。藉由相同素材強調連續感，讓寬敞感也大為增加。廁所和盥洗室也都在同一個大空間裡。

利用露台打造出小巧明亮的衛浴空間

建築概要
基地面積／207.50㎡
總樓地板面積／193.81㎡
設計／LEVEL Architects
案名／富士的住宅

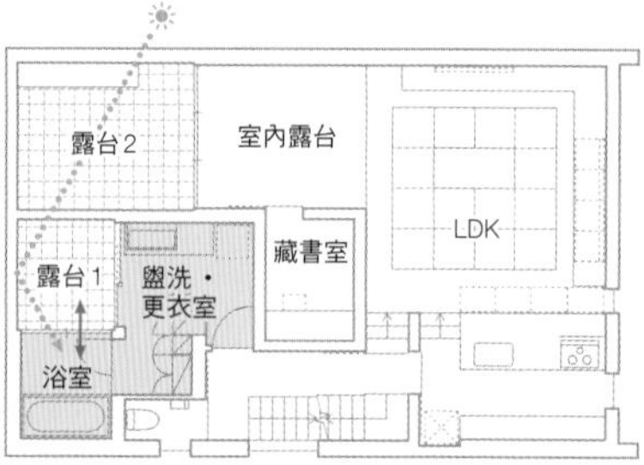

這是一間擁有與室外連接的開放感浴室，以及將洗衣服和曬衣服等動線集中的住宅。

其中的秘密就是設置了一個可以直接從浴室進出的採光露台。如此一來便打造出從浴室、露台和盥洗室之間的迴游動線，將用水空間的動線縮小集中。

位於北側採光露台的斜面牆壁將光線反射，打造出明亮的浴室空間。在上方設置木製格柵，遮斷屋外的視線感。

超大開口部營造出具有開放感的浴室。地板使用LIXIL（INAX）的恆溫磁磚。

曲線的露台讓視線往天空延伸

為了實現在都市也能擁有開放感的浴室空間，於是配置了和半室外露台連接的浴室。露台的地板和欄杆設計成連續的曲面，泡澡的時候視線自然地往天空眺望，增加空間的寬敞度。

另外，這個曲面也有遮斷屋外視線的效果，營造安心的沐浴時光。白天時陽光進入室內，打造出明亮的浴室空間。

建築概要
基地面積／75.29㎡
總樓地板面積／114.72㎡
設計／石井秀樹建築設計事務所
案名／梶之谷的家

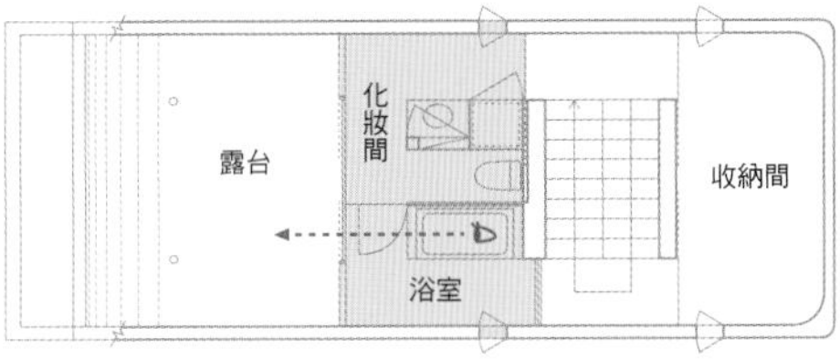

木板鋪設的甲板露台。露台的地板到欄杆的曲線設計，將視線誘導至藍天。

浴室的牆壁和天花板具有霧面的質感。和木頭質感的露台組合，營造出現代風的空間調性。

在瀰漫木頭香氣的浴室裡享受晨浴

屋主期望能有一個明亮具有開放感，有如渡假別墅般的療癒空間，並且能在假日悠閒地享受早晨沐浴時光。

於是在基地面積方面，刻意為盥洗室和浴室保留寬敞的面積。高度2米8的天花板，使空間看起來更寬敞。在地板以及腰壁使用天然的黑色石板。牆壁和天花板則是使用檜木裝潢。微微的檜木香以及陽光下的晨浴，為一天開啟美麗的序幕。

建築概要
基地面積／55.43㎡
總樓地板面積／112.57㎡
設計／LEVEL Architects
案名／四谷三丁目的住宅

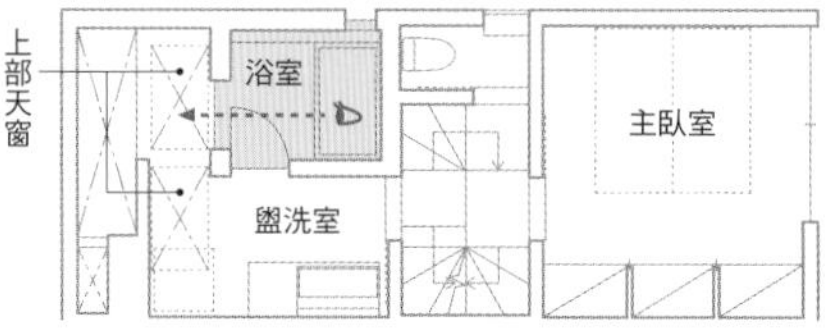

和中庭連結 增加開放感

建築概要
基地面積／77.15㎡
總樓地板面積／88.04㎡
設計／H.A.S. Market
案名／NWH

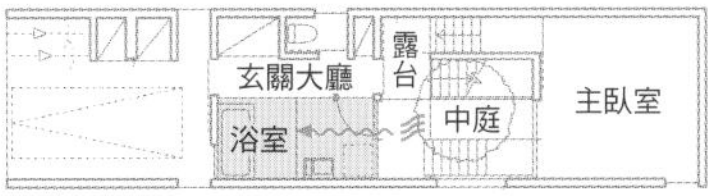

在玄關旁配置浴室，並利用透明的玻璃隔間，讓兩個空間在視覺上都變得更寬敞。

玄關透過窗戶和中庭連接，使浴室和玄關形成一個和室外連接的連續空間。另外，在屋內設置百葉窗，確保住宅隱私。

室外水盆營造出渡假飯店氣氛

建築概要
基地面積／74.50㎡
總樓地板面積／109.71㎡
設計／APOLLO
案名／BLEU

喜愛海邊渡假飯店的屋主，希望從客廳能眺望水面，因此在客廳外側設置室外水盆，實現屋主的夢想。從客廳就能眺望露台的設計，讓室外水盆也成為室內裝潢的要素之一，為窗外風景增添變化。

假日也能在這裡舉辦足湯派對，全家人一起享受悠閒時光。是一個能增加生活樂趣，提供多采多姿生活方式的空間。

夜晚水盆的水面搖動著照明光線，在室內也能感受到自然的氣息。

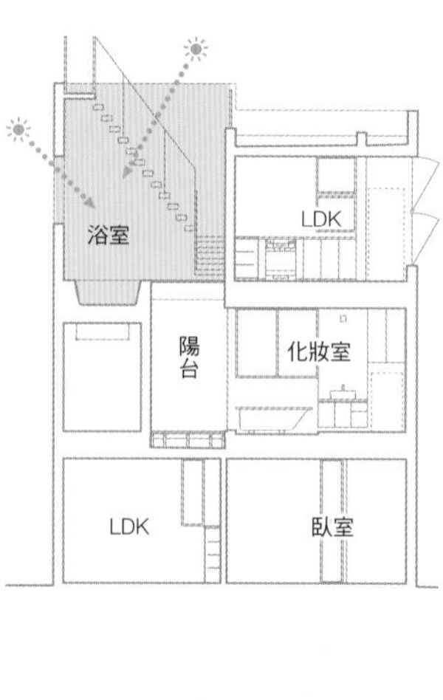

和露台連結成一體感的沐浴空間

住宅位於面向主要道路的變形狹小基地上。優點是面積狹小但住宅四面都是敞開的環境，不過隱私的確保就成為設計重點。

所有房間的窗戶都使用橫長形的窗戶或地窗，避免外來視線。在浴室這個最隱私的空間，配置了寬敞的陽台。將陽台用外牆圍繞，不僅能感受到由內而外的寬敞感，也可以享受有如露天風呂般的沐浴氣氛。

建築概要
基地面積／40.8㎡
總樓地板面積／91.8㎡
設計／ageha.
案名／loopslit

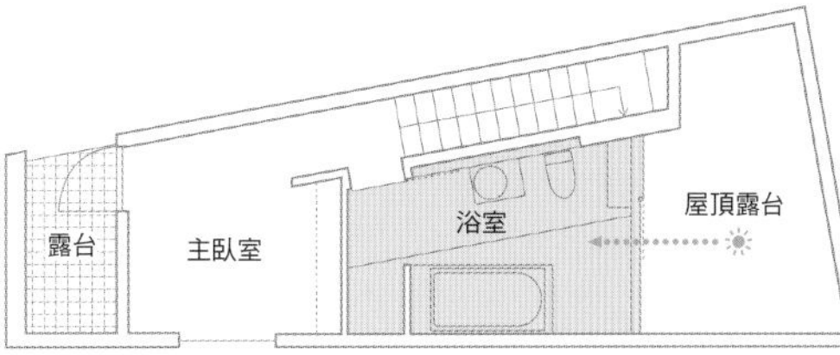

從盥洗室到廁所是一個連續的衛浴空間。另外也有設置洗衣機放置處，從洗衣服到露台曬衣服，打造出一個順暢的家事動線。

幽暗寧靜的沐浴時光

建築概要
基地面積／54.54㎡
總樓地板面積／61.01㎡
設計／NIKO設計室
案名／O家族的家

想要在昏暗的空間裡泡澡，一邊感受屋外的氣息。對於屋種這種獨特的期望，於是開始了浴室計畫。在牆壁和地板使用具有特別質感的磁磚，令人彷彿身在洞窟，從小庭院進入的光線更增磁磚效果，營造出恰到好處的幽暗空間。

盥洗室和浴室之間使用透明的玻璃連接，呈現出開放的空間感。在浴缸浸泡時，下斜的天花板營造出悠閒的舒適氛圍。

盥洗室的牆壁配合浴室的磁磚顏色，採用AEP塗裝。強調盥洗室和浴室的連續感，使寬敞感大為增加。

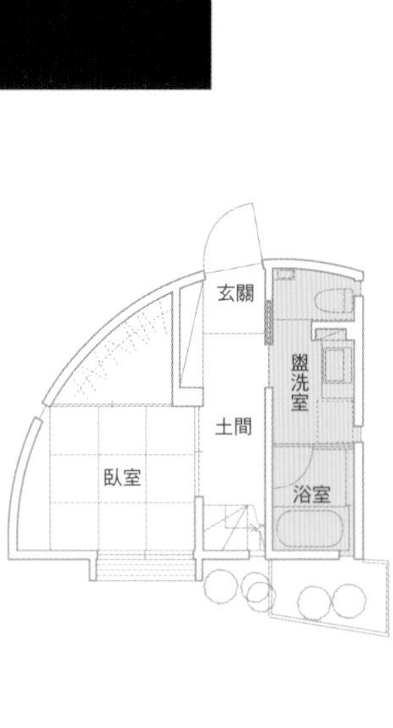

小孩家庭的時尚&實用浴室

二代同堂的住宅中，小孩家庭的浴室。盥洗室和廁所等一體化的空間，對於有小孩的屋主一家而言，使用起來更加方便。牆壁和地板採用防水處理，讓平時保養更輕鬆。

非固定的放置型浴缸，幫幼兒洗澡時非常便利，深受屋主喜愛。全體以白色調統一，呈現出時尚感的空間，但日常機能卻隨處可見，打造出一個具有高機能性的浴室空間。

建築概要
基地面積／132.25㎡
總樓地板面積／190.65㎡（不含地下室及閣樓）
設計／充綜合計畫一級建築士事務所
案名／角之家

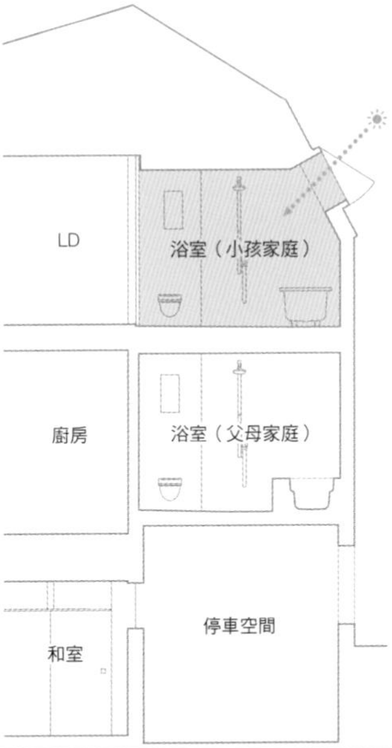

白色的獨立式浴缸，是容易保養的琺瑯材質。

地板和牆壁使用5x5㎝的方形全磁化磁磚。採用防水處理，使每天的清掃工作變得更輕鬆。

超大天窗和角落窗營造露天風呂的氣氛

建築概要
基地面積／108.81㎡
總樓地板面積／123.70㎡
設計／NIKO設計室
案名／三輪家族的家

屋主的期望是擁有一個充滿露天風呂氣氛的開放感浴室。因此將浴室配置在二樓，並且在角落設置窗戶，泡澡的同時也能享受住宅旁的綠地美景。另外在浴室上部設置大面積的天窗。讓充足的自然光線進入空間，營造出有如身處屋外的開放感。

磁磚的靈感來源，則是由屋主最喜愛的和歌山縣的洞窟風呂「忘歸洞」而來。

透過天窗仰望藍天，感受戶外氣氛的浴室。將角落的窗戶打開後，清爽的涼風吹拂而來。

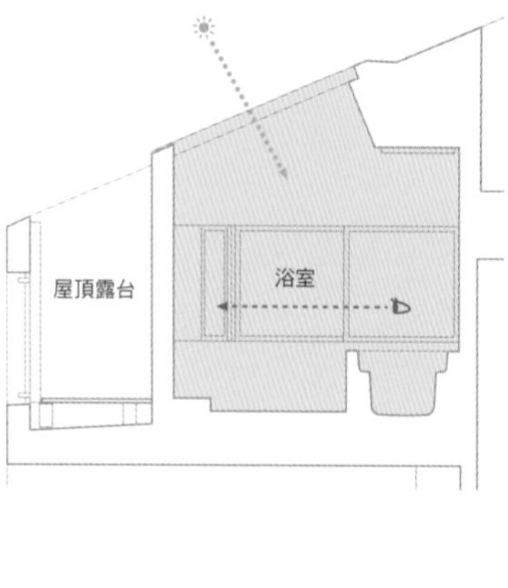

夏天變身為游泳池的室外浴缸

將入口通道設計成往門口方向擴展，而入口通道中庭則是擁有三層樓挑高，充滿律動感的空間。在通道中庭最內側配置了室外浴室空間，可以從臥室自由進出。

這個室內中庭不僅能確保隱私，在夏天還能當作游泳池，搖身一變成為孩子們的遊樂場。

建築概要
基地面積／111.49㎡
總樓地板面積／191.06㎡
設計／APOLLO
案名／AQUA

光線從挑高空間灑落在米色的磁磚上，營造出令人放鬆的氛圍。只有浴缸和水龍頭的簡約空間。

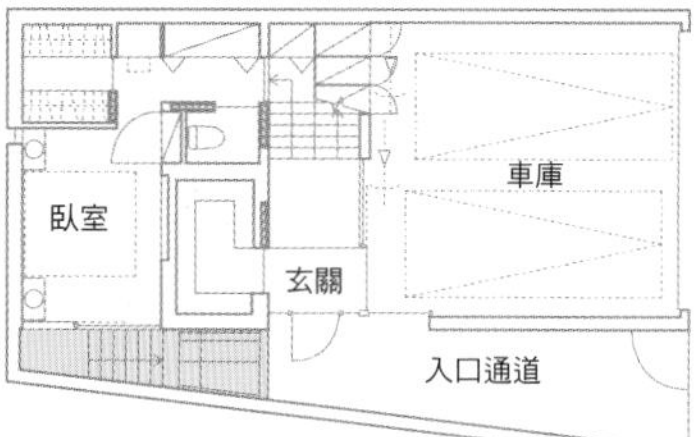

利用格柵打造安心的沐浴空間

這棟4層透天住宅位於高層大樓與住宅林立的都市裡。將浴室的窗戶設計成和浴缸等長，另外在窗戶外側配置同樣長度的小陽台。在小陽台外圍裝上鐵製竿子，方便裝置格柵，遮住外來視線，如此一來就不用擔心窺視，安心享受沐浴時光。

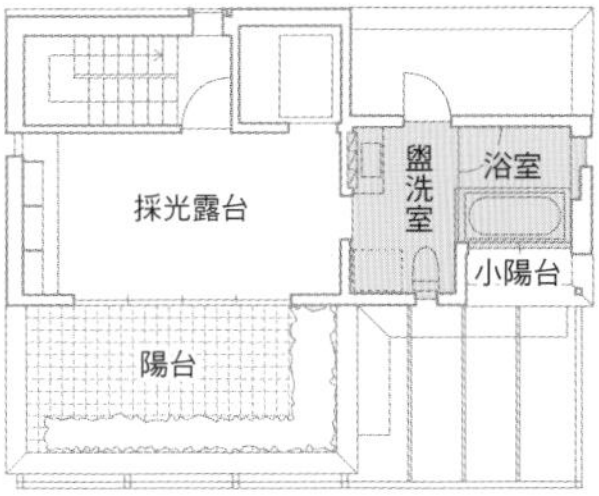

藉由格柵調整外來視線感，泡澡的同時也能仰望天空。

建築概要
基地面積／93.7㎡
總樓地板面積／193.93㎡
設計／充綜合計畫一級建築士事務所
案名／實木柱的家

天花板使用的是一種叫做「Ketsuronain」[※1]的建築材料。按摩浴缸為Artis的產品，淋浴設備則是GROHE的「Freehander」系列產品。

大理石打造的奢華療癒空間

用大理石打造出柔和氣氛的浴室。按摩浴缸和大型的淋浴設備，除去每天的疲勞。將浴缸的邊緣沿著彎曲形狀貼上大理石馬賽克。

天花板使用防止結露的塗劑。不僅美觀且保養容易，也具有耐久性。

建築概要
基地面積／78.1㎡
總樓地板面積／278.3㎡
設計／佐藤宏尚建築設計事務所
案名／kitasawa-k

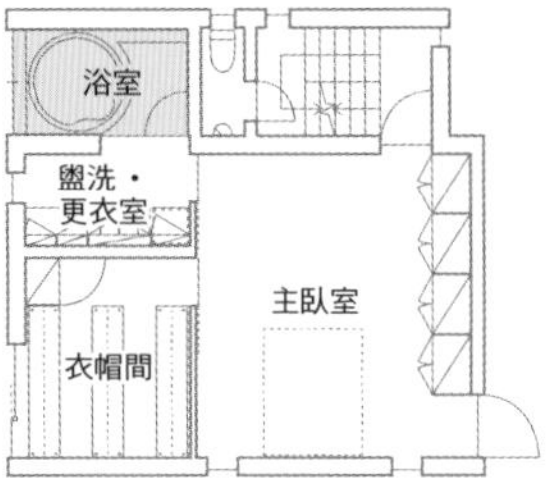

在浴室享受有如一幅畫般的窗外山櫻花美景。避免遮住視野，室內盡量採用簡約設計。

沉醉於山櫻花絕景的沐浴時光

這間浴室從屋外一棵山櫻花開始著手設計的。首先設置超大窗戶，享受眺望整棵山櫻花的美景。

另外將地板下挖成浴缸，使視野無障礙地飽覽眼前風景。室內的空氣體積較大的話，也有助於溼氣的排除。

建築概要
基地面積／197.09㎡
總樓地板面積／92.03㎡
設計／石井秀樹建築設計事務所
案名／富士見之丘的家

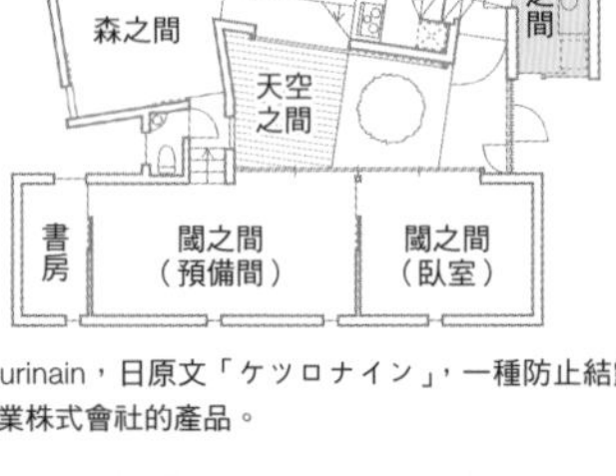

※1 Ketsurinain，日原文「ケツロナイン」，一種防止結露現象的塗料，為日本菊水化學工業株式會社的產品。

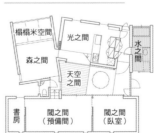

腳邊的光線傳達戶外氣息

這是一棟位於充滿綠意的閑靜住宅區裡的二代同堂住宅。建築物由三個箱子所組成，用水空間則集中配置在一樓的其中一個箱子內。

在浴室的腳邊設置窗戶，透過窗戶進入的自然光線，再經過玻璃窗柔和照亮緊鄰的盥洗空間。

建築概要
基地面積／118.00㎡
總樓地板面積／137.72㎡
設計／MDS一級建築士事務所
案名／荻窪的家

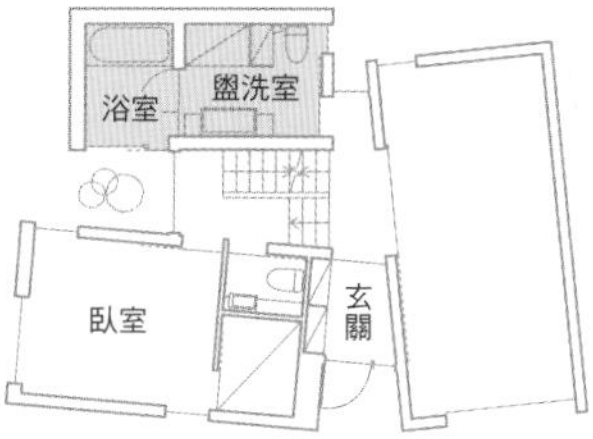

光線透過腳邊設置的窗戶照入室內，也能感受到季節的推移變化。

設置於高處守護隱私

以超大窗戶為特色的浴室空間。高於地面2m，是基地內最高處的空間。將視線範圍提高，也具有提高隱私感的效果。

窗戶前方有一棵既有的楓樹。藉由葉子的顏色變化，為室內帶入增添四季的色彩。

建築概要
基地面積／1734.33㎡
總樓地板面積／70.89㎡
設計／ondesign & Partners Architects Office
案名／covering FOREST.

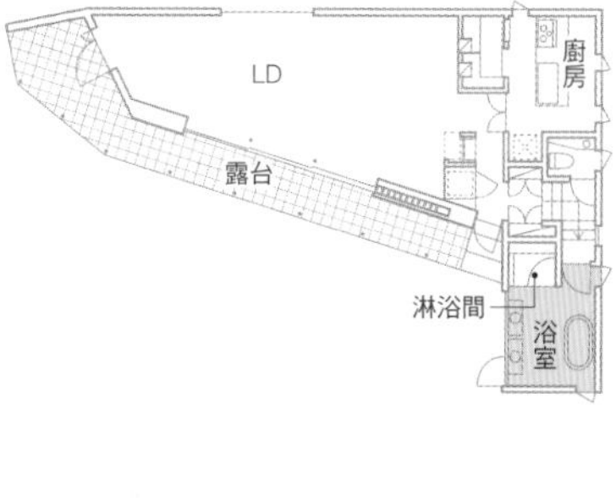

牆壁和地板使用具有溫度感的大片磁磚。牆壁使用直線，地板則是斜線貼法，為空間帶來趣味的變化性。

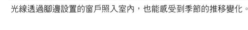

浴室庭院帶來明亮與安心感

在住宅中最需要隱私感的非衛浴空間莫屬。因此在面向鄰宅的位置設置一面獨立牆壁。另外在浴室和獨立牆之間栽種植物，為浴室打造一個專屬庭院。

藉由這個浴室庭院，營造出明亮且具有寬敞感的空間。

建築概要
基地面積／150.07㎡
總樓地板面積／94.91㎡
設計／H.A.S. Market
案名／SSH

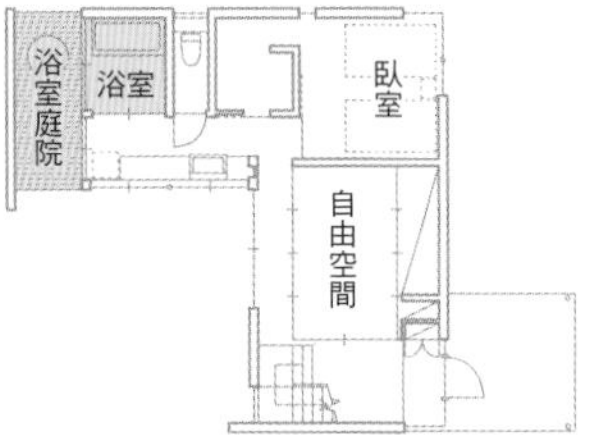

在浴室庭院鋪設南洋櫸木的甲板材。營造出可以光著腳輕鬆進出的悠閒空間。

有如日式旅館般的和風氛圍

這是一間和主屋分開，被中庭圍繞的中庭住宅。在建築物東側的浴室也設置了中庭，營造出充滿大自然氣息，有如露天風呂般的空間。

圍繞在周圍的是和浴室相同的磁磚和日本花柏的壁板。同時也具有和室庭院的機能，誘導和室的視線欣賞庭院景色。

建築概要
基地面積／300.55㎡
總樓地板面積／126.33㎡
設計／奧野公章建築設計室
案名／八潮的家

被木材壁板圍繞，充滿露天風呂氛圍的空間。一邊欣賞庭院，一邊悠閒享受沐浴時光。

小庭院和透明門打造的透明感衛浴空間

基地位於將部分山林闢為建地的高台上。為了實現屋主的期望以及活用基地條件，將客廳等生活空間配置在二樓，並設置大開口部享受絕佳美景。

浴室等用水空間則配置在一樓。為避免閉塞感，在浴室旁配置小庭院，也為空間帶來光線與開放感。

建築概要
基地面積／138.18㎡
總樓地板面積／151.63㎡
設計／MDS一級建築士事務所
案名／ 見野的家

利用盥洗室和浴室的透明玻璃隔間接連空間，讓小庭院的自然光線能夠進入盥洗空間。

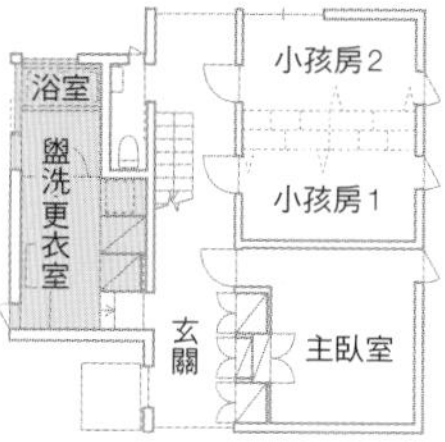

位於書房旁的浴室放鬆身心

一間幾乎全面改建的六層樓住宅。將原有的表層裝飾材料拆除，露出充滿洗鍊風格的建材，營造出質樸的氛圍。

六樓的書房是用來工作或享受休閒興趣的空間。配合這種氛圍，設置了一個能夠悠閒泡澡的小空間。

建築概要
基地面積／123.14㎡
總樓地板面積／171.20㎡
設計／充綜合計畫一級建築士事務所
案名／the pithos renovation

地板是用金屬鏝刀塗抹黑色砂漿，牆壁則由清水混凝土和水泥磚組合而成。

冷冽的素材感打造寬敞的盥洗室

為了在忙碌的早晨裡，全家人都能同時梳洗準備，因此設置了兩個洗手台和兩組淋浴設備。並將盥洗・更衣間的寬度加寬，另外在隔壁配置大型衣帽間，打造一條彼此連接的方便動線。

屋主期望擁有冷冽的素材感風格。所以衛浴空間的牆壁和天花板都採用清水混凝土塗裝。

清水混凝土包覆衛浴空間的溼氣，具有住宅蓄熱體的效果。

建築概要
基地面積／94.34㎡
總樓地板面積／114.10㎡
設計／MDS一級建築士事務所
案名／鷺沼的家

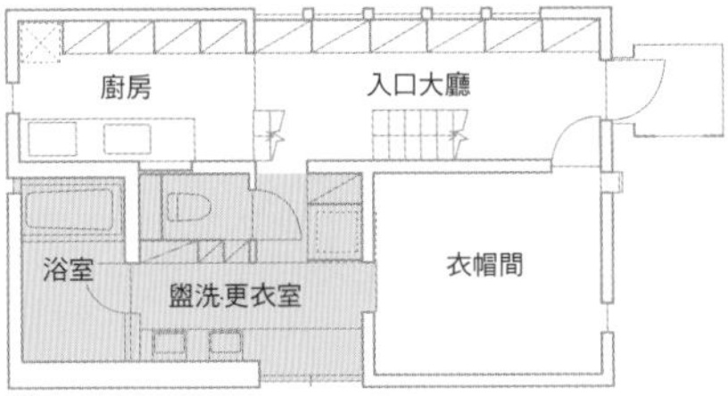

在和室隔壁也設置衛浴空間

將原有2坪大的客房與3坪大的小孩房，改裝成4.25坪大的客房（和室）。改裝後的客房充滿和風的靜謐氛圍，因此也將和室內的廁所改裝成和風氣息的空間。

陶瓷製的洗手台和黑色的水龍頭，營造出沉靜的氣氛。

為避免破壞和室的氣氛，廁所的門扇使用澀柿塗裝風格的和風木板。

建築概要
基地面積／123.14㎡
總樓地板面積／177.69㎡
設計／充綜合計畫一級建築士事務所
案名／木木木

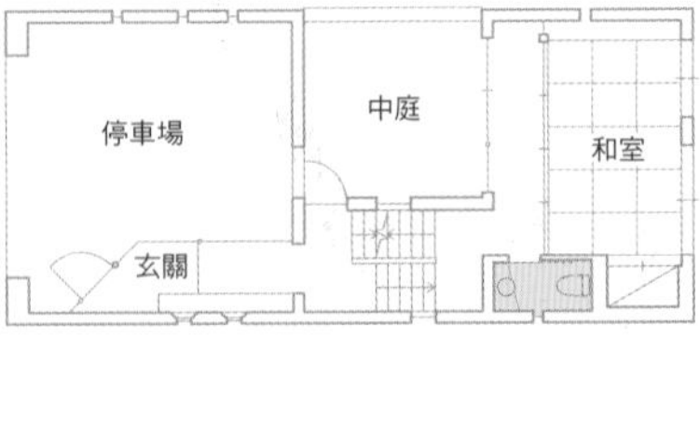

鏡子收納櫃是設計師的原創設計，可以用來收納盥洗用品和吹風機等物品。洗手台、水龍頭和浴缸皆為大洋金物產品。

增加收納空間的簡潔衛浴設備

將衛浴空間配置在一樓。為了能更有效率的使用有限空間，使用玻璃拉門當作盥洗室和浴室的隔間。另外在盥洗室和廁所的隔間牆上方設置玻璃，藉由天花板的連接感，讓小巧的廁所也能擁有寬敞感。洗臉台則設置在牆上，讓腳下的空間呈現清爽感。

建築概要
基地面積／61.82㎡
總樓地板面積／90.34㎡
設計／imajo design
案名／小山台的家

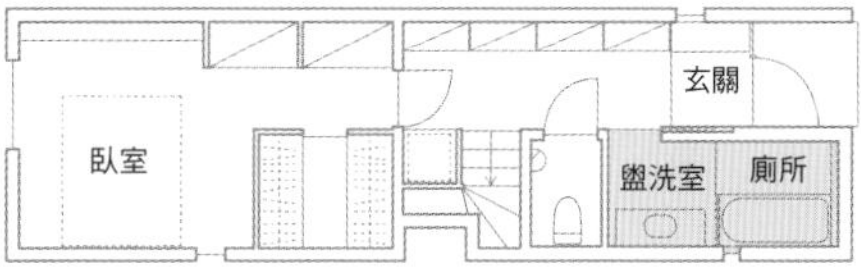

活用既有窗戶打造出的明亮盥洗室

基地四周被大自然綠意環抱，因此活用基地優點設計出此住宅。根據各空間的機能改變地板高度或是關閉空間，並藉由室內窗戶的開關賦予機能性。在盥洗室的側面設置收納櫃，使光線從正面的窗戶進入，打造出明亮舒適的空間。

活用原有窗戶的位置，充足的自然光透過窗戶照入室內。

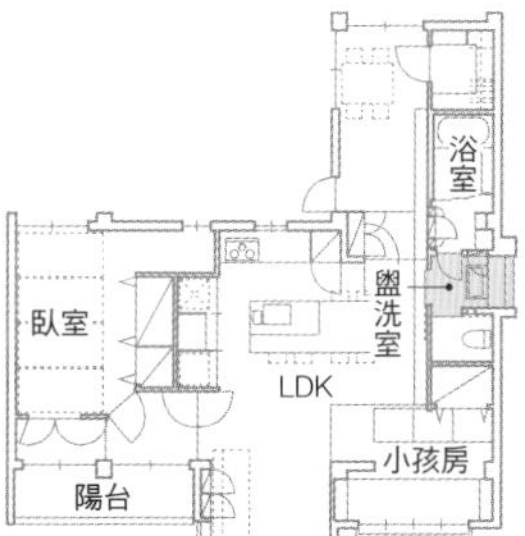

建築概要
總樓地板面積／95.4㎡（小孩家庭樓層）
設計／ageha.
案名／passage

以白色基調營造出飯店風衛浴空間

這是一棟年輕夫婦的住宅。為了忙碌的雙薪家庭，打造了一個有如渡假村，能夠放鬆身心的住宅。

將盥洗室、廁所和浴室設計成開放空間，打造出清爽明亮的衛浴空間。以白色調統一的設備和裝潢，營造出有如飯店的氛圍。

建築概要
基地面積／95.87㎡
總樓地板面積／103.87㎡
設計／直井建築設計事務所
案名／Y邸

牆壁為LIXIL的馬賽克磁磚。洗臉台和浴缸則是T-form的產品。

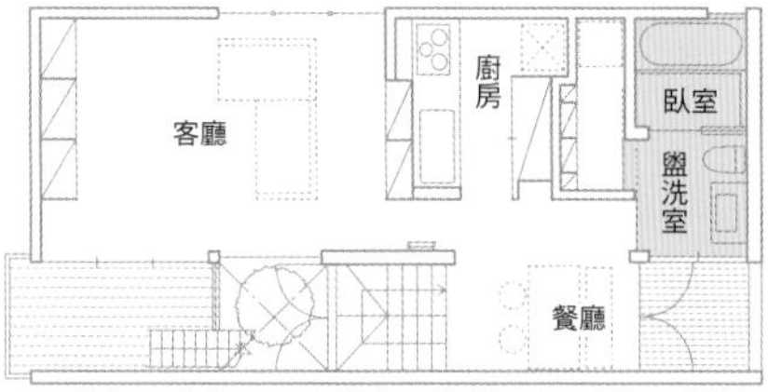

用迷你窗戶為廁所帶來豐富變化

二樓的走廊被各個房間和廁所圍繞，因為沒有直接和外牆連接，所以無法設置窗戶，房間的入口呈現出幽暗的氛圍。因此，將走廊上部挑高，並且透過位於東側的廁所採光，確保走廊的光線。藉由透光性的材質，打造出具有隔音效果和開放感的廁所。

建築概要
基地面積／135.98㎡
總樓地板面積／100.45㎡（不含閣樓）
設計／充綜合計畫一級建築士事務所
案名／ORIGAMI

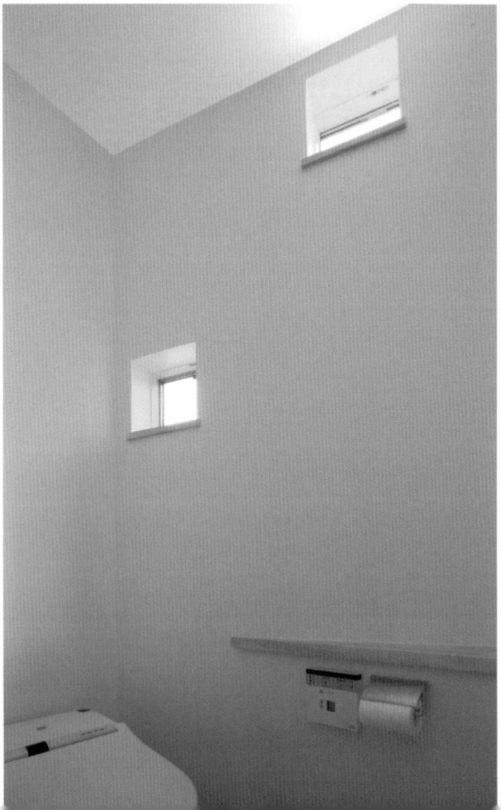

小巧的換氣窗也有展示架的功能。

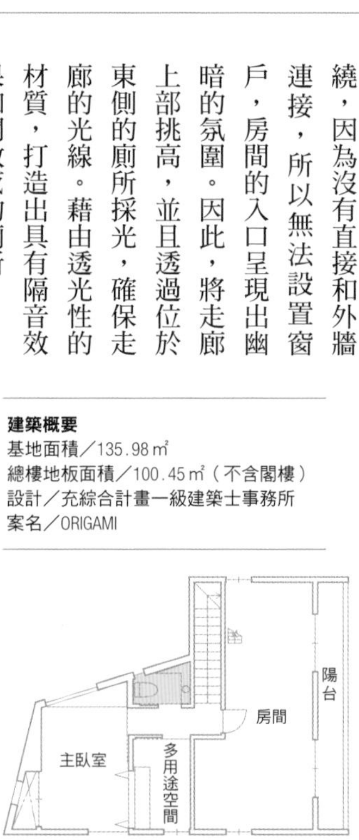

被透過格柵進入的光線與木頭包圍的浴室

當初屋主希望擁有一個檜木浴缸，但是考慮到不常使用的假日住宅，會出現乾燥情況而放棄。取而代之的是，將地板、牆壁和天花板使用大量的木板裝潢。

將山邊與海邊的窗戶敞開後，舒爽的涼風充滿室內，而光線也透過格柵為室內帶來豐富的陰影變化。

建築概要
基地面積／734.41㎡
總樓地板面積／107.65㎡
設計／佐藤宏尚建築設計事務所
案名／格柵的別墅

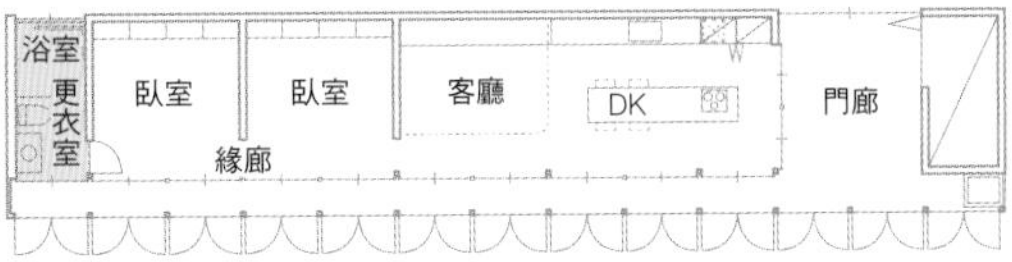

選用高耐水性的材質，打造出瀰漫著木頭香氣的浴室。透過窗戶進入的光線隨著時間變化，為室內增添豐富的表情。

裝潢技巧讓小巧的空間裡也能有清爽感

這是鐵骨造兩層樓的改建住宅。將主要的盥洗室和廁所配置在一樓，而母親專用的廁所則配置於二樓。

為了能在有限空間裡，確保足夠的盥洗空間，在能夠忍受水花濺出的範圍內，於牆面上貼15㎝寬的磁磚，打造出洗手台。

建築概要
基地面積／122.87㎡
總樓地板面積／179.954㎡
設計／充綜合計畫一級建築士事務所
案名／VA2整修

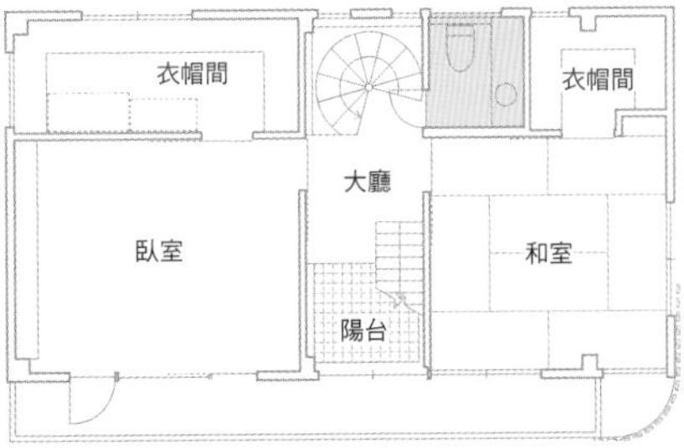

由磁磚構成的洗臉台也可以當作展示架。預計在牆面掛上鏡子。

為美麗的家找到合適的

磁磚

為廚房、盥洗室及衛浴空間增添色彩的設計磁磚

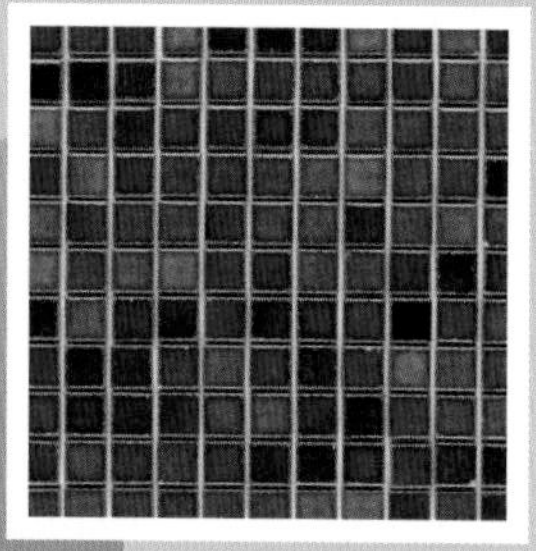

1

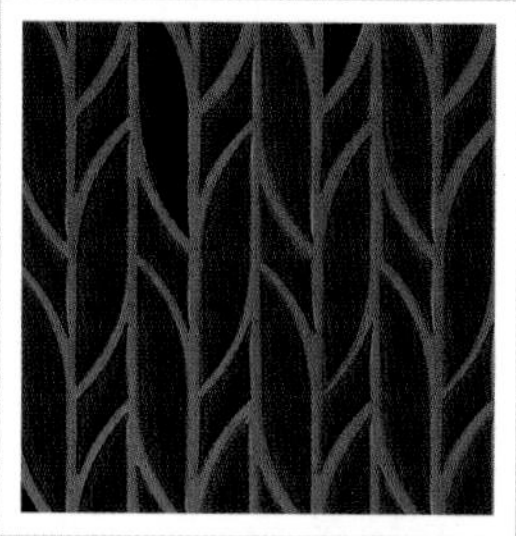

2

4

Lotus

賦予空間韻律感的六角型磁磚，粉色調營造出溫和的氣氛。

8,800日圓／m²

（平田磁磚）

3

CAIRO

形狀不一的梯形馬賽克磁磚，接縫的顏色更顯磁磚特色。

6,800日圓m²（RIVIERA）

2

Needle

葉片形狀的磁磚，在霧面質感中混入光澤材質的巧思設計，打造出多彩的表情變化。

13,800日圓／m²

（平田磁磚）

1

ekrea ECOSILE

每一塊色澤都不盡相同的環保磁磚。打造出微妙的色彩變化。

1箱 12,800日圓

（ekrea）

3

4

建築師的建議

挑選用水空間的素材時，也要考慮到潑水和油汙的影響。不容易沾染髒汙，或是不易顯髒的材質可以使清掃時更輕鬆方便。（八島建築設計事務所 · 八島正年）

衛浴空間的牆壁，是狹小空間裡佔有面積最大的部分。建議可以根據家具、照明和窗戶的設計，挑選適合的款式。（MDS 一級建築士事務所 · 森 清敏）

貼磁磚的時候，有些人會在意接縫處發霉的問題，但最近也有機能性較佳的填縫劑可以選擇。另外藉由不同貼法也能呈現出不同的設計。（桑原茂建築設計事務所 · 桑原 茂）

為美麗的
家找到
合適的

洗臉台

水流開關
為清潔臉部和雙手而設的洗臉台

3

1

2

5
Giorgio Camel
有如一朵盛開白花的洗臉台，和金色的水龍頭搭配，營造出優雅的氣息。
157,000日圓
（CERA TRADING）

4
CATALANO Zero
光澤的黑色營造出俐落的氛圍。擁有雙槽設計的128cm小巧尺寸。
246,000日圓
（大洋金物Tform）

3
Hommage
陶瓷製的單腳柱和古典的細部設計，適合復古風的空間調性。
228,000日圓
（CERA TRADING）

2
agape Perotel
曲面導水流的簡約設計。
洗臉台328,000日圓
置物架165,000日圓
（TOYO KTCHEN STYLE）

1
LAUFEN Palomba
寬幅1.6m，和洗臉台一體化的台面。無接縫設計，讓清掃更容易。
298,000日圓
（大洋金物Tform）

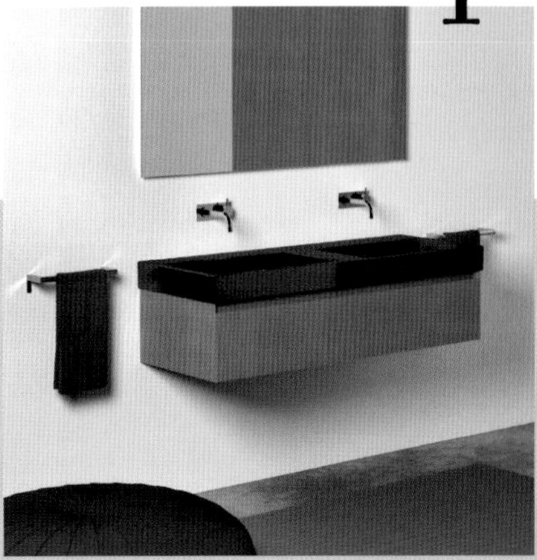

4

5

7

6

建築師的建議

若經常兩個人同時使用的話，建議選擇寬幅較大的洗臉台，並設置兩個水龍頭。不失為一個節省空間又方便清掃的好方法。（MDS一級建築士事務所．川村奈津子）

如果擔心洗臉台和台面的接縫產生髒污，建議選擇下挖式（洗臉台設置在天板下方）的樣式。洗頭和洗臉時也較為輕鬆。（村田建築研究所．村田 淳）

7
agape paper
柔和的外型與花紋設計，營造出女性優雅的氣氛。
203,000日圓
（TOYO KTCHEN STYLE）

6
agape Spoon
蓄水量超大的半球型設計，擁有簡約清爽的氣氛。
353,000日圓
（TOYO KTCHEN STYLE）

2-3
樓梯
用素材和款式決定「外觀」

踏板和扶手的材質及款式、
配置於客廳中央、
或是設計成寬敞的「樓梯間」。
美麗的樓梯也能成為住宅中的亮點。

用箱子與箱子間的樓梯間感受室外氣息

建築概要
基地面積／118.00㎡
總樓地板面積／137.72㎡
設計／MDS一級建築士事務所
案名／荻窪的家

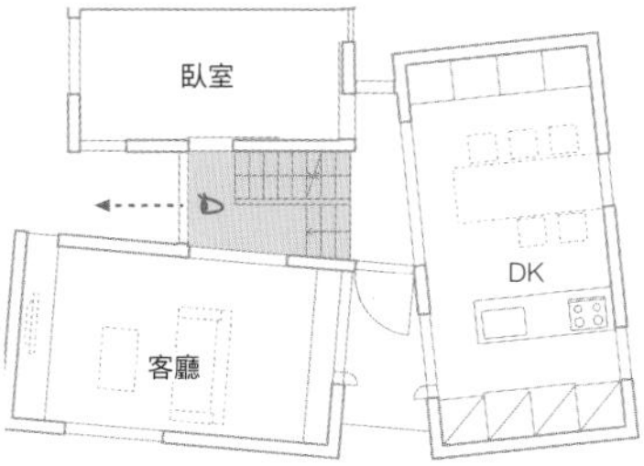

建築物由分開的三個箱子構成，不但保留二代同堂家人間的隱私，也打造出一體感，實現屋主的期望。

在箱子與箱子之間，配置了與屋外相連的樓梯間。上下樓梯的時候，透過敞開的窗戶欣賞多彩多姿的屋外美景。

由餐廳望向樓梯間的景色。視線通過樓梯間，享受穿透感的視野。

從客廳望向樓梯間的樣子。樓梯間將兩棟建築物連接，光線經由兩側進入。

延綿在土間上的美麗和風龍骨梯

建築概要
基地面積／259.05㎡
總樓地板面積／171.20㎡
設計／LEVEL Architects
案名／東武動物公園的二世代住宅

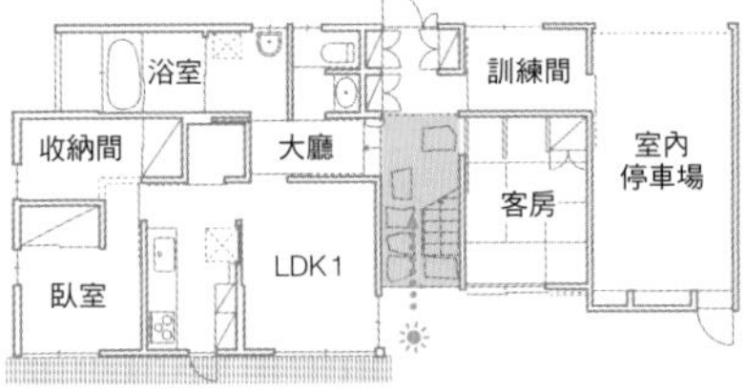

在斜面的天花板上配置天窗，
柔和的光線灑落樓梯間。

進入玄關後，明亮的玄關隨即在眼前敞開。斜向延綿在土間上的，則是用牆面支撐的簡約龍骨梯。沒有踢腳板的設計，讓透過南側窗戶的光線直達玄關，打造出明亮的玄關空間。

樓梯踏板使用厚度12㎜的鋼製薄板，加上水曲柳木材製成。再利用同樣的材料製作欄杆，並將踏板吊起，減少彎曲與震動的情況。

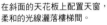

引入光線的挑高與寬敞的樓梯間

建築概要
基地面積／64.49㎡
總樓地板面積／101.63㎡
設計／MDS一級建築士事務所
案名／白金的家

基地四周被建築物包圍，如何由建築物上方引進最大限度的光線就成為設計的重點。而成功擔任這個要角的就是樓梯間。在挑高餐廳內配置寬敞的樓梯間，纖細的鋼製扶手構成的設計，讓光線充滿室內。

二樓的客廳和餐廳則藉由挑空和樓梯彼此連接。沒有隔間牆的設計，使室內擁有極佳的通風，也能讓家人隨時感到彼此氣息。

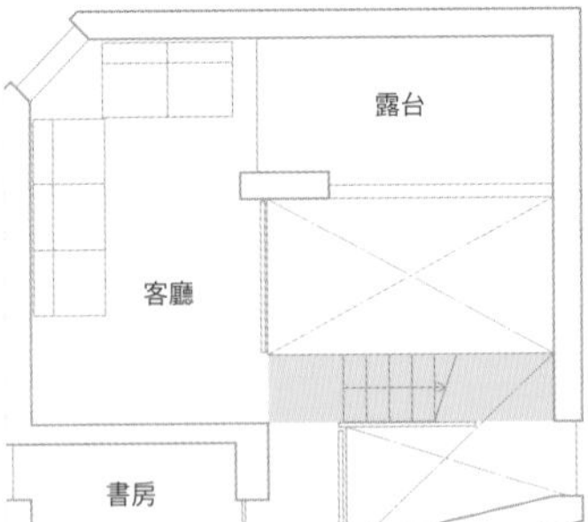

實木踏板與纖細扶手構成的堅固樓梯

建築概要
基地面積／130.11㎡
總樓地板面積／128.01㎡
設計／APOLLO
案名／RAY

屋主希望擁有一個能享受木頭觸感與溫感的樓梯，而不只是冰冷的鋼鐵材質。另外也希望能配置在客廳，當作一個具有設計感的家具之一。所以在鐵板的上層覆蓋一層實木板，打造出一個雅致的龍骨梯。

為了避免彎曲和搖晃，將鐵板部分固定在牆內。扶手部分使用纖細的材料，讓實木板的紋理更能凸顯出來。

實木的踏板是由4片木板以非密合方式組合而成的。木板之間的縫隙不僅具有防滑功能，也能強調實木板的厚度。

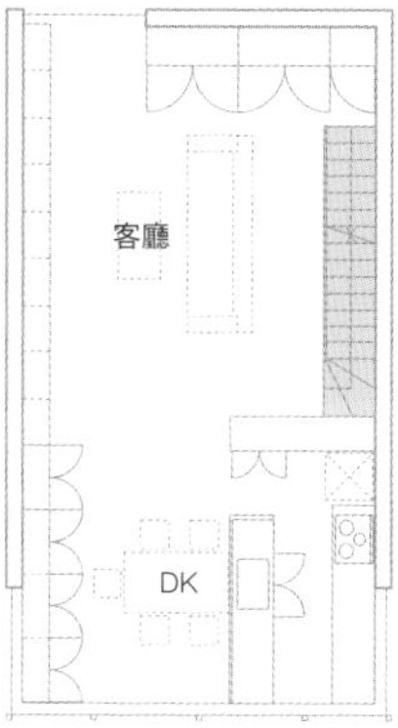

具有漂浮感與設計感的室外樓梯

欄杆使用不鏽鋼線，強調纖細感。踏板和扶手的鋼條尺寸為19x40㎜。樓梯的長度大約為2m。

建築概要
基地面積／371.91㎡
總樓地板面積／211.98㎡
設計／APOLLO
案名／SBD 25

在大面積的清水混凝土牆上，配置了一個彷彿融入牆面的鋼製懸臂式龍骨梯。由9條細鋼條組成的踏板，營造出冷冽和漂浮感的氣氛。

為了能盡量減低扶手的存在感，用一條和踏板同樣尺寸的細鋼條構成扶手。並且設計成和樓梯同樣的斜度，呈現出纖細的氛圍。

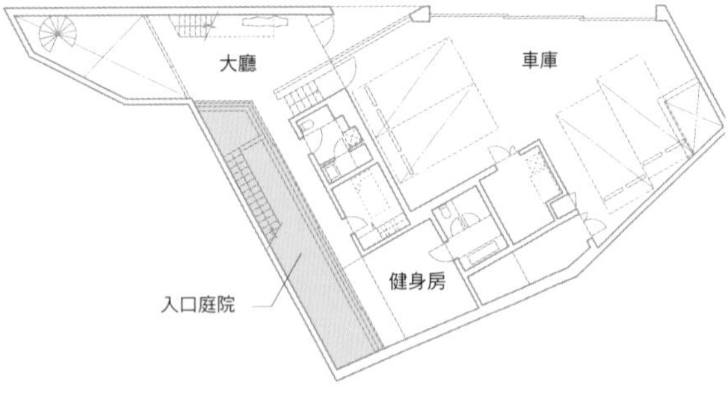

彷彿融入客廳空間的樓梯設計

在客廳設置一座讓全家人平常使用的室內樓梯。為了減少壓迫感，以及避免擋住高側窗進入的光線，因此採用無踢腳板的龍骨梯造型。

而樓梯則由踏板寬30cm，以及19cm的級高構成簡約的設計。踏板由鋼板構成以降低成本。另外為了減少彎曲和震動的情況，將鋼板折出3cm的直角，增加強度。

建築概要
基地面積／120.96㎡
總樓地板面積／111.46㎡
設計／LEVEL Architects
案名／八雲的住宅

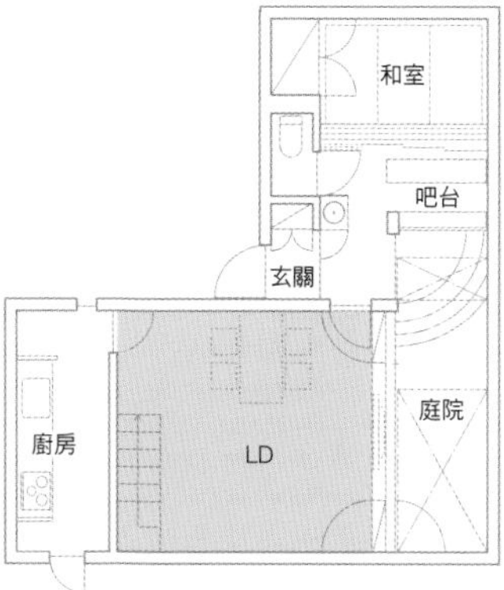

中庭的光線透過高側窗進入客廳，在地上映出美麗的陰影變化。

稍微複雜的旋轉梯成為空間的特色

建築概要
基地面積／79.74㎡
總樓地板面積／116.22㎡
設計／LEVEL Architects
案名／深澤的住宅

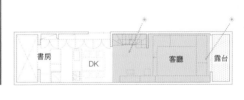

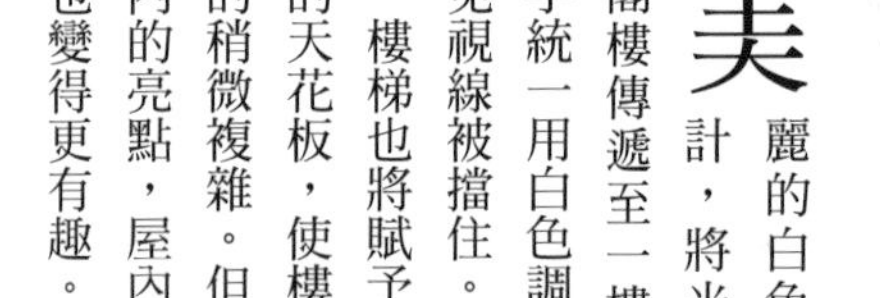

透過高側窗進入的光線，經由樓梯間灑落至一樓。光線更顯樓梯的設計美感。

美麗的白色樓梯和挑高設計，將光線從最頂層的閣樓傳遞至一樓的LDK。扶手統一用白色調，纖細的欄杆避免視線被擋住。

樓梯也將賦予每層樓高低錯落的天花板，使樓梯的周圍構造變的稍微複雜。但是這反而成為室內的亮點，屋內各個空間的移動也變得更有趣。

去除不必要的線條營造出素材感

這是一座活用RC構造素材營造出時尚感的樓梯。除了用水泥塊固定在牆上之外，再用橡木板覆蓋在上方，讓木紋保留於表面，也為踏板增添設計感。具有溫度感的木板與堅硬感的水泥組合，為住宅整體帶來獨創性。

扶手使用黑色的鋼鐵素材。霧面的黑色扶手為充滿自然光的樓梯間營造出沉靜的氛圍。

建築概要
基地面積／207.50㎡
總樓地板面積／193.81㎡
設計／LEVEL Architects
案名／富士的住宅

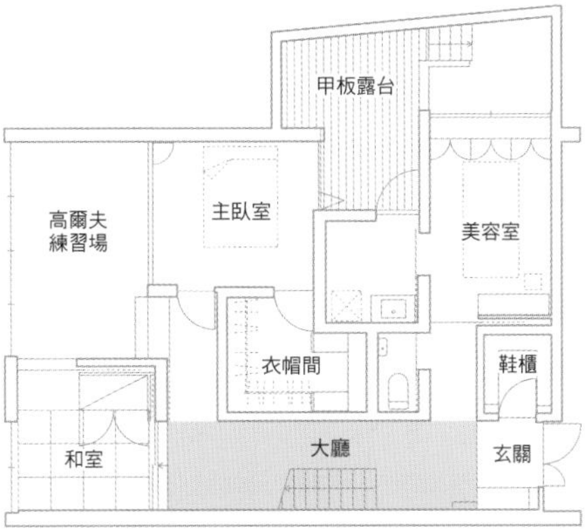

極力消除不必要的線條以追求極簡設計，營造出沉著的氛圍。

柔和的白色螺旋梯

厚度薄的鋼製踏板，與纖細的扶手曲線，賦予空間柔和的氛圍。踏面由杉木的集成材構成。

建築概要
基地面積／154.48㎡
總樓地板面積／174.35㎡
設計／石井秀樹建築設計事務所
案名／南小岩的家

這是一棟由跳躍式樓層所構成的小巧多層住宅。將樓層彼此連接的則是美麗的螺旋樓梯。

連接在支柱上的踏板為鋼製的材質，並且在外圍利用細鋼條吊起，使踏板看起來更薄更清爽。

透過高側窗進入的光線，通過螺旋梯傳遞至樓下。為樓梯間與樓下打造出明亮的空間。

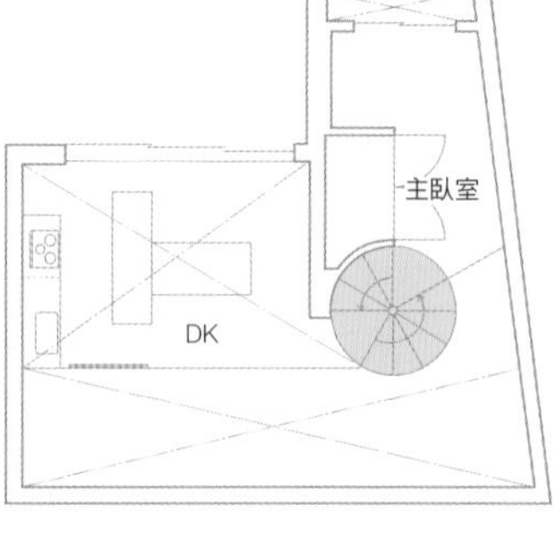

由下往上仰望也很美麗的樓梯

屋主希望從上下都能欣賞樓梯的設計之美。所以將「從四面八方都能欣賞美麗的樓梯和扶手」的樓梯，配置於這棟住宅的一樓客廳。

像是在樓梯踏板的踏面和底部，都使用削薄的水曲柳集成材包覆。將鐵製的結構材隱藏，不論上下都能保持美觀。另外，扶手也用同樣的水曲柳集成材包覆，打造出上下與內外皆一致的精緻設計。

建築概要
基地面積／226.21㎡
總樓地板面積／272.58㎡
設計／佐藤宏尚建築設計事務所
案名／uroko

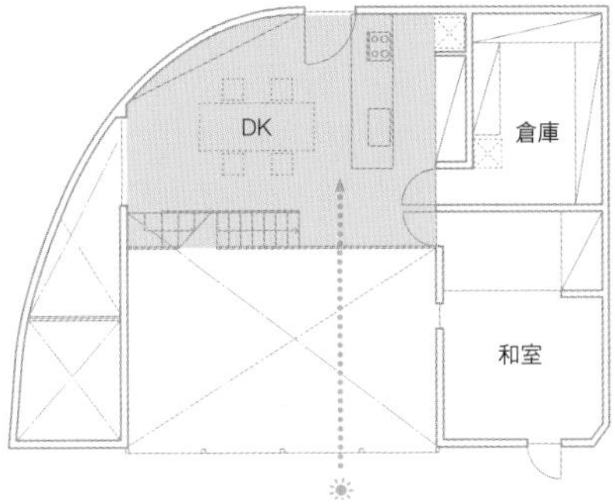

鋼材與水曲柳木的簡約設計，完美的融入室內裝潢，呈現出恰到好處的存在感。

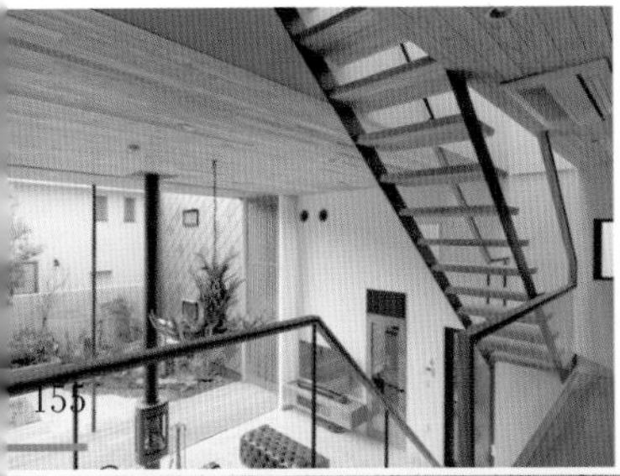

活用水曲柳木，營造出新式樣氛圍。另外也講究扶手的握感與溫和的觸感。

與接鄰道路的東側空間並排，將樓梯間與電梯配置於西側。

狹小住宅中的簡約樓梯發揮材質的魅力

建築概要
基地面積／37.71㎡
總樓地板面積／122.59㎡
設計／佐藤宏尚建築設計事務所
案名／最狹小的家

這是一棟基地面積為37.7㎡，建築面積為7.8坪的五層樓住宅，稱之為「狹小住宅」一點也不為過。

在西側樓梯間配置了一個清水混凝土樓梯，並盡量去除不必要的設計。極簡的構造更顯樓梯本身的美感。

為了在有限的面積裡讓空間看起來更寬敞，在室內採用玻璃隔間。不僅讓視線往兩側延伸，也為空間帶來無限的寬敞感。

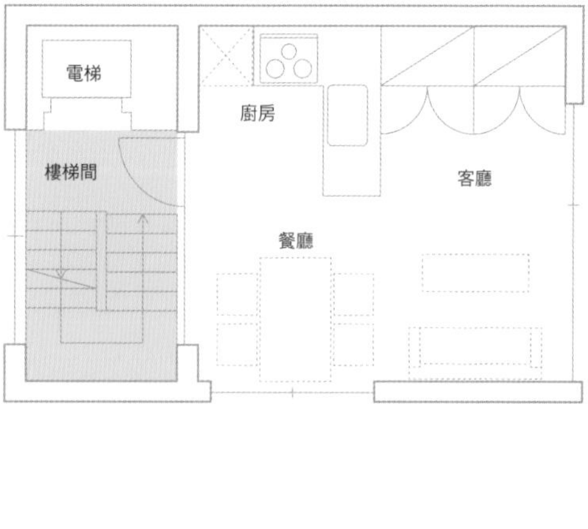

促進家人彼此交流的客廳樓梯

配置於地下室的客廳，藉由挑高和樓上連結。並在客廳旁配置懸臂式的龍骨梯，使空間看起來更寬廣。全家人經常利用此樓梯通過客廳上下樓，也因此促進了家人間彼此的交流。

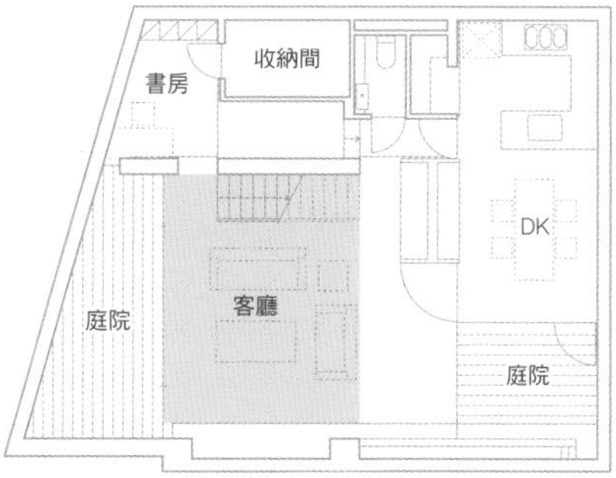

建築概要
基地面積／150.86㎡
總樓地板面積／207.74㎡
設計／MDS一級建築士事務所
案名／目白的家

沒有踢腳板的懸臂式樓梯，具有降低本身存在感，使空間感覺起來更寬敞的效果。

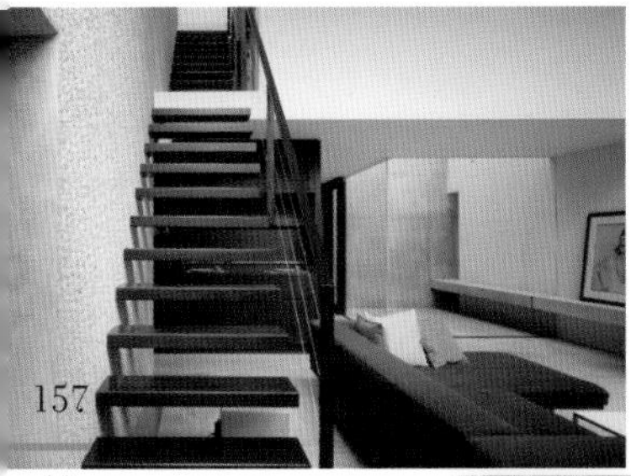

上下樓梯的同時欣賞喜愛的藏書

建築概要
基地面積／41.75㎡
總樓地板面積／88.64㎡
設計／APOLLO
案名／LUFT

屋主期望擁有一個收藏黑膠唱片、CD和書籍的書櫃，因此在面向挑高的壁面上，設置了三層樓高的書櫃。書櫃使用的材質是深褐色塗裝的水曲柳木，成為住宅中心的主角。鋼製的樓梯猶如圍繞在書櫃旁的散步道，並以螺旋狀貫穿挑高空間。藉由開放感的樓梯，為日常生活增添多采多姿的視野。

鋼製的扶手和走廊重疊，將每個樓層緩和地連結起來。

線條俐落的龍骨梯彷彿厚實的藝術品陳列於空間。光線由上方灑落而下，讓住宅整體空間保持明亮。

有如機翼般的龍骨梯

建築概要
基地面積／104.28㎡
總樓地板面積／81.98㎡
設計／APOLLO
案名／RING

為了打造出一個無論身在何處都能充滿光線的空間，在玄關到走廊的位置，配置了一個寬敞的樓梯間。鋼製的懸臂式龍骨梯營造出裝置藝術的氣氛。

而空間保持明亮的秘密就是，沒有踢腳板的樓梯設計。讓樓上的光線透過樓梯自然地灑落至一樓。

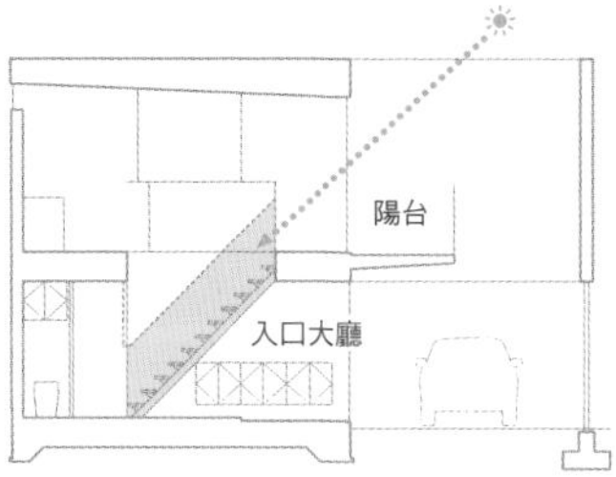

鋼製的懸臂式踏板。表現出現代藝術的美感。

將跳躍式樓層輕鬆連接的旋轉梯

這是一座將跳躍式樓層彼此連結的大型旋轉樓梯。將樓梯配置於住宅中央，再利用直通設計或樓梯平台，縮小並集中樓梯空間，讓上層的光線能夠充滿室內空間。統一採用纖細的設計，營造出有如藝術品般的美感。

建築概要
基地面積／55.43 m^2
總樓地板面積／112.57 m^2
設計／LEVEL Architects
案名／四谷三丁目的住宅

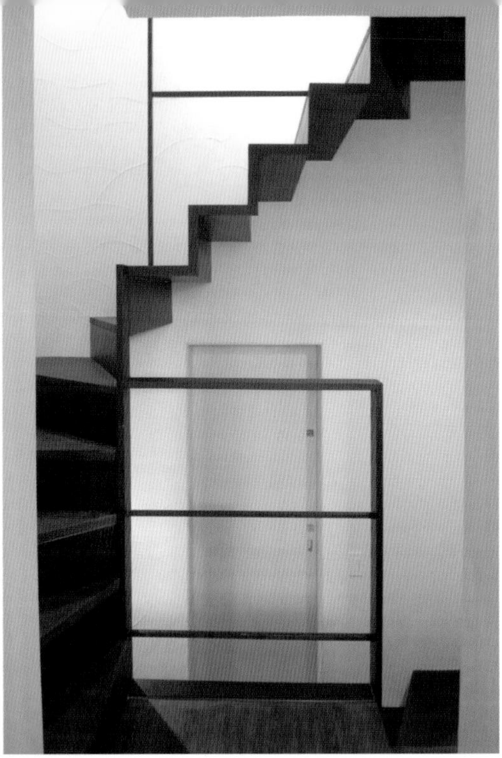

根據每層樓的設計，將踏板和樓梯平台打造出不同的變化。

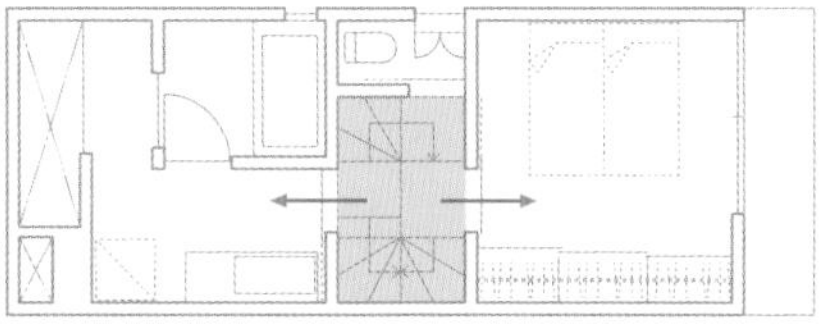

在螺旋梯旁邊配置藏書空間

這是一棟將美術家屋主的工作室與住宅合併的建築。大型的挑高空間將工作室與住宅連結，而白色螺旋梯則將貫穿挑高空間，緩和地將上下樓彼此連接。並且在一、二樓之間配置寬敞的樓梯平台，也能當作書房使用。打造出一個能讓全家人來去自如的自由空間。

建築概要
基地面積／95.83 m^2
總樓地板面積／122.45 m^2
設計／都留理子建築設計STUDIO
案名／羽根木I邸

可以當作樓梯平台的倉庫上方RC造空間，藉由挑高設計營造出靜謐感，是一個充滿魅力的空間。

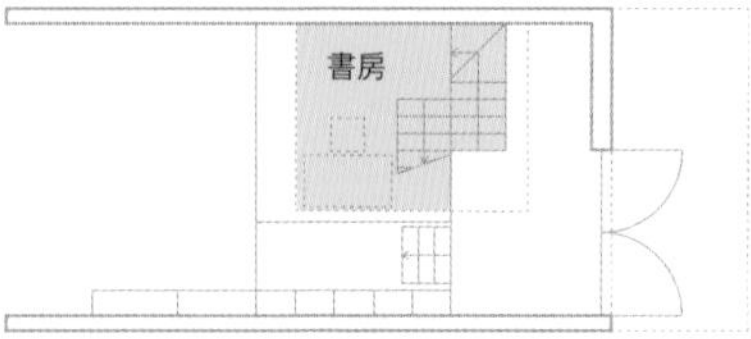

灑落的光線照亮樓下

從玄關往一樓延伸的樓梯間，往往容易變成陰暗的空間。因此在樓梯上方設置狹縫，讓光線灑落而下，打造出舒適的空間。

連接一樓和二樓的樓梯是沒有踢腳板的懸臂設計。水泥樓梯除了呈現出穩重的存在感，也為空間帶來輕快的氛圍。

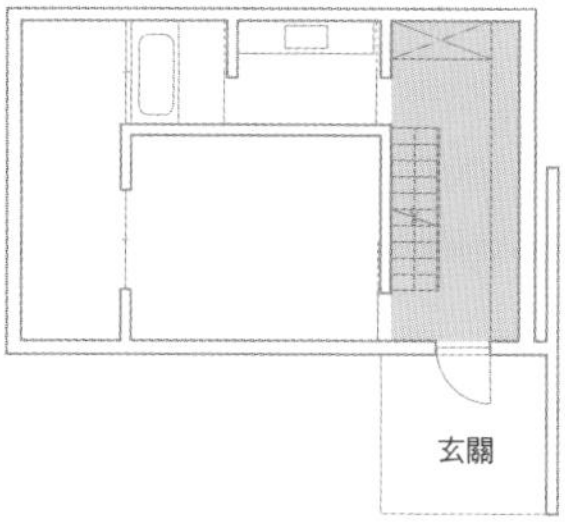

建築概要
基地面積／102.68㎡
總樓地板面積／117.18㎡
設計／MDS一級建築士事務所 HATTAYUKIKO
案名／POJAGI的家

縱橫綿延在空間裡的白色鋼板梯

住宅採用連續空間的開放式計畫，而每層樓則採用最低限隔間牆的跳躍式樓層設計。

將樓層彼此連接的是俐落的鋼製樓梯與走廊。極簡的線條設計，有如貓走廊般環繞整體空間，具有將住宅集中成一個大空間的效果。

由好幾個「箱子」堆疊組成的空間。藉由走廊和樓梯將每個「箱子」連結起來。

建築概要
基地面積／94.34㎡
總樓地板面積／114.10㎡
設計／MDS一級建築士事務所
案名／鷺沼的家

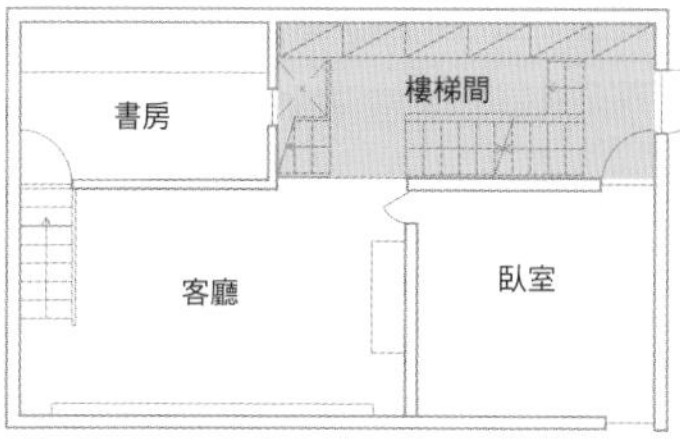

營造出水泥質感的室外樓梯

這是一座由地下室的採光井通往樓上的樓梯。樓梯兼具水泥的質感與輕快的氛圍。

懸臂式樓梯設計，賦予空間整體開放感。水泥的質感與灰色的外牆，描繪出美麗的層次感。

扶手由鍍鋅鋼管構成。地板使用40㎝方形水泥磚，整體統一以單色調構成。

建築概要
基地面積／132.25㎡
總樓地板面積／190.65㎡（不含閣樓）
設計／充綜合計畫一級建築士事務所
案名／角之家

當地生產的杉木樓梯為LDK增添魅力

在天花板挑高的客廳角落，配置開放式的懸臂樓梯。全家人經常藉由此樓梯往返客廳，因此也促進了全家人彼此的交流。

樓梯、渡橋及扶手全都採用當地產的杉木樑材。透過天窗進入的光線，灑落於白色的空間裡，並且更凸顯統一素材的質感。

客廳的懸臂式樓梯設計，衍生出奇妙的飄浮氣氛。

建築概要
基地面積／368.21㎡
總樓地板面積／146.09㎡
設計／佐藤宏尚建築設計事務所
案名／slit

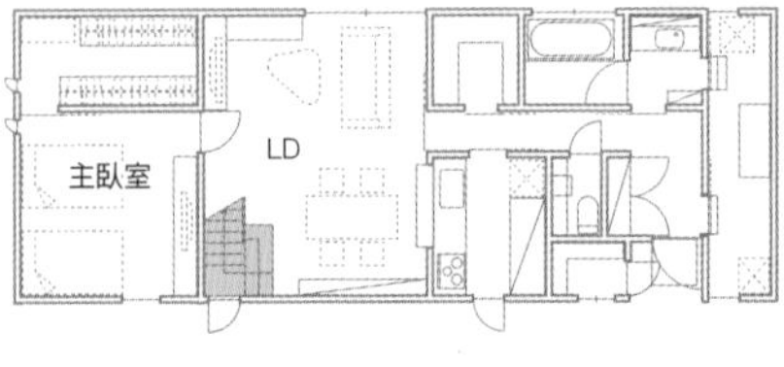

融入白色空間的懸臂式龍骨梯

這是一座將二樓ＬＤＫ與書房連接的樓梯。懸臂式的樓梯設計，不僅呈現出雅致的外觀，也能降低壓迫感。

為了確保牆壁能夠支撐樓梯的重量，在結構中加入厚度30㎜的集成材當作間柱，增加樓梯的強度。全家人時常坐在這個與客廳連續的樓梯上閱讀，或是享受悠閒時光。

小巧的書房下方，是一個天花板高1.4m的閣樓收納空間。

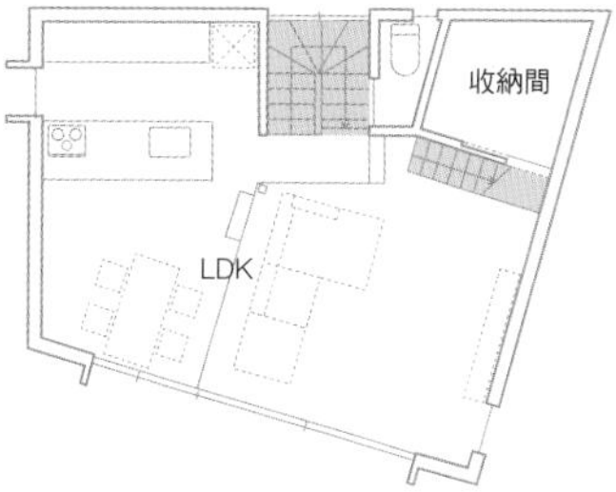

建築概要
基地面積／130.91㎡
總樓地板面積／117.88㎡
設計／桑原茂建築設計事務所
案名／淺見野的家

樓梯壁面的超大收納空間

這是一棟建坪8.5坪的小巧住宅。因為受限於地板面積，如何活用樓梯空間便成為設計的重點。

因此，在壁面設置大容量的收納空間。開放式的收納櫃（部分有門扇設計），可以任意裝飾喜愛的雜貨，為樓梯空間增添一抹樂趣。

在樓梯旁的牆上，設置白色的固定式收納櫃。賦予樓梯空間新機能的同時，也為生活帶來了趣味性。

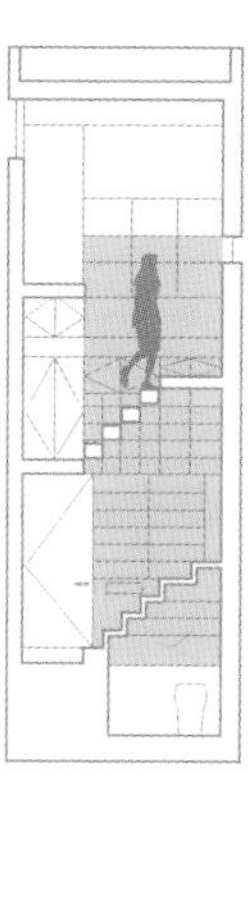

建築概要
基地面積／46.9㎡
總樓地板面積／78.4㎡
設計／ageha.
案名／BOCO

美麗線條描繪的鐵製扶手

在白色調的開放式樓梯間裡，配置了由兩邊側木架起踏板的鏤空式樓梯。扶手採用鋼管設計，踏板則由木地板材質構成。

沒有踢腳板的樓梯設計，讓光線充滿樓梯間，營造出明亮的空間。扶手從一樓到三樓描繪出美麗的線條。

木質地板和踏板使用同樣的材質並利用著色劑塗裝。

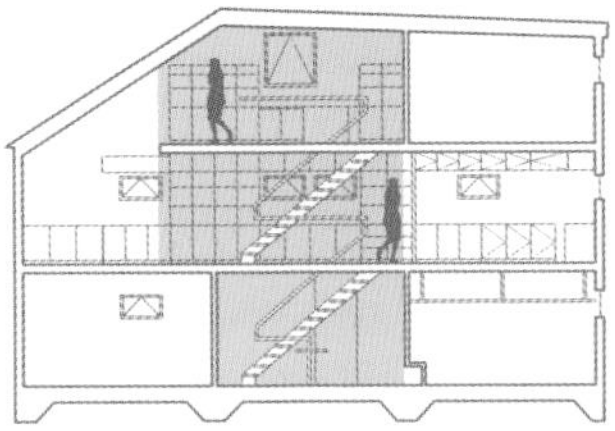

建築概要
基地面積／100.74㎡
總樓地板面積／106.00㎡
設計／充綜合計畫
一級建築士事務所
案名／借景的家

賦予樓梯座椅的機能

在基地的高低差之間，打造一座樓梯做為住宅的路口通道。雖然在玄關大廳內設置了幾階樓梯，但是在連接三合土※的位置，設置了剛好可以坐下的兩階高樓梯，賦予樓梯座椅的功能。這種不造作的設計，讓樓梯能毫無違和感的融入室內空間。

三合土由金屬鏝刀塗抹有色砂漿構成。牆壁是珪藻土塗裝，地板則是由側柏構成。

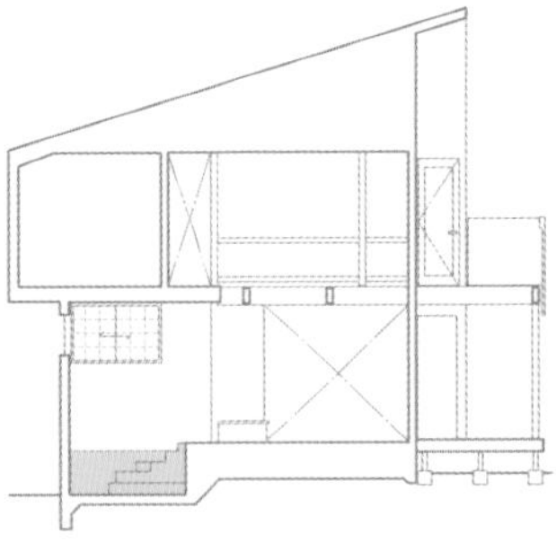

建築概要
基地面積／230.83㎡
總樓地板面積／116.76㎡
設計／充綜合計畫
一級建築士事務所
案名／巢箱Ⅳ

※三合土：由石灰、黏土和砂三種材料所配製、夯實的一種建築材料。

Chapter 2
講究
細部設計

2 - 4

固定式家具

陳設家具

設計住宅的同時，
也必須考慮到
生活的道具之一，「家具」。
材質和尺寸也能依自己的喜好打造出來。

坐在地板上享受寬敞的白色吧台

建築概要
基地面積／146.21㎡
總樓地板面積／122.01㎡
設計／LEVEL Architects
案名／尾山台的住宅1

因為孩子們都已長大成人，幾乎沒有使用餐桌的屋主夫婦，打造一個餐桌和廚房吧台一體化的設計。另外為了實現屋主的地板座生活的期望，在廚房內部設置高低差，打造成能夠坐在榻榻米上用餐的空間。

寬幅3.5m的超寬敞廚房吧台，還可以用來收納碗盤和家電等生活用品。簡短的動線使打掃整理也變得更順暢方便。

廚房由Y CRAFT製作。在榻榻米空間下方設置地板下收納，可以將生活用品收納於此。

兼具收納空間和設計感的廚房

考慮碗盤、鍋具的尺寸、調理用具、廚房家電的收納位置、料理時的方便度等，打造出一個原創的廚房。

靠近餐廳的廚房料理台，面材使用橡木板拼貼而成，而靠近廚房的料理台則使用柳安木合板以降低成本。另外，配合高天花板設置了懸掛式的排油煙機。為空間注入無造作的野性與高雅的氛圍。

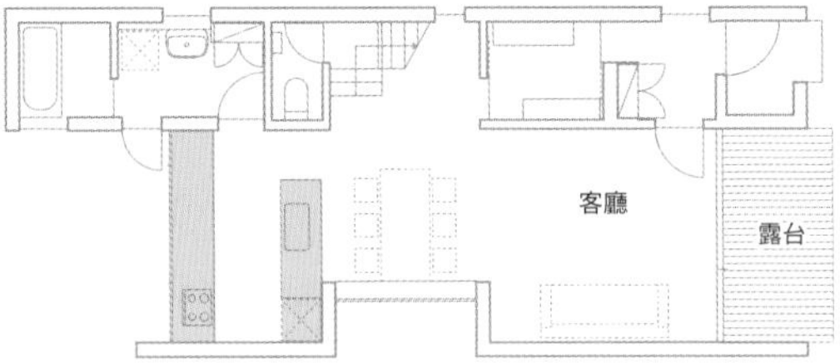

建築概要
基地面積／170.35㎡
總樓地板面積／123.96㎡
設計／imajo design
案名／下田町的家

洗碗機和烤箱為嵌入式設計。另外為電鍋和麵包機等家電及垃圾桶配置專屬空間。

II字型的廚房流理台設計，瓦斯爐側的流理台長度為3.6m，洗手槽側的長度則為2m。根據使用方便的高度，決定兩側流理台的尺寸。

超寬敞的地板座客廳

建築概要
基地面積／120.52㎡
總樓地板面積／87.27㎡
設計／石井秀樹建築設計事務所
案名／貫井的家

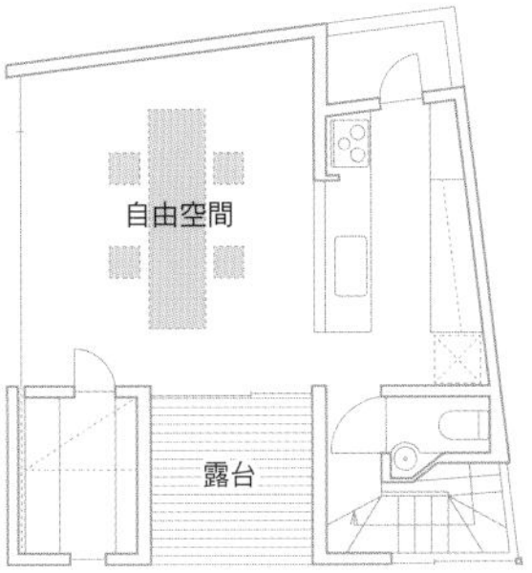

客廳的地板由護木油塗裝的杉木材構成。天花板則是白色柳安木合板的羽目板貼合而成。享受充滿木頭質感的空間。

屋主期望擁有一個寬敞、能夠令人放鬆的空間，於是配置了一個坐在地板上的和風自由空間。

由櫸樹製作的桌椅，是配合空間調性打造的原創設計。長2.8m的餐桌，也是全家人進行各種活動的最佳場所。黑色杉木的羽目板和白色塗裝的牆壁成為背景，映出美麗的實木家具。

隱藏大量雜物的壁櫃

建築概要
基地面積／91.80㎡
總樓地板面積／91.08㎡
設計／imajo design
案名／田園布調的家

這棟住宅裡沒有放置電視櫃，將家具都固定在牆上。另外為了讓周圍呈現出清爽的氣氛，在開口部設置了用來放置DVD和CD播放機的家具。並且在家具內側設置接線，隱藏電線避免雜亂的印象。

在家具上方設置的照明，將光線以放射狀照亮天花板。藉由這個溫和的間接照明，為空間營造出被光線包覆的氛圍。

內側為放置冰箱的空間、收納廚房家電、廚房用品的櫃子以及調理台，打造成一個便利的家事空間。

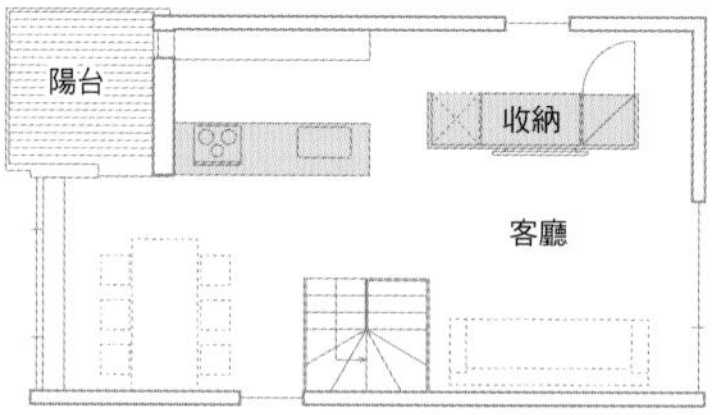

簡約高雅的餐廳家具

在廚房的背面貼上黑色的胡桃木木皮板，營造出家具的一體感。再配合餐廳空間調性，製作出原創的家具設計。

復古氣息的玻璃和黃銅組合的照明，是美國進口的古董。溫和的光線為簡約的空間增添一抹色彩。

原創的餐桌是由鋼條的桌腳和胡桃木頂板組合而成。

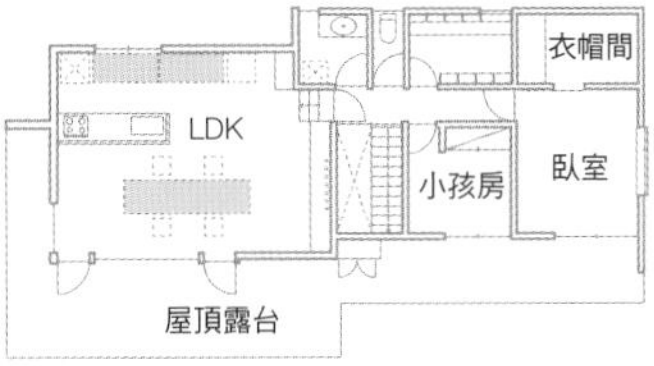

建築概要
基地面積／259.05㎡
總樓地板面積／171.20㎡
設計／LEVEL Architects
案名／東武動物公園的二世代住宅

和名椅搭配的北歐風餐桌

餐桌椅和茶几椅都是出自於Hans J. Wegner之手的名椅。配合這些椅子，利用護木油塗裝柚木製作出餐桌和茶几。桌子為簡約的頂板以及L型設計構成，桌腳的底部則是圓柱形的造型。

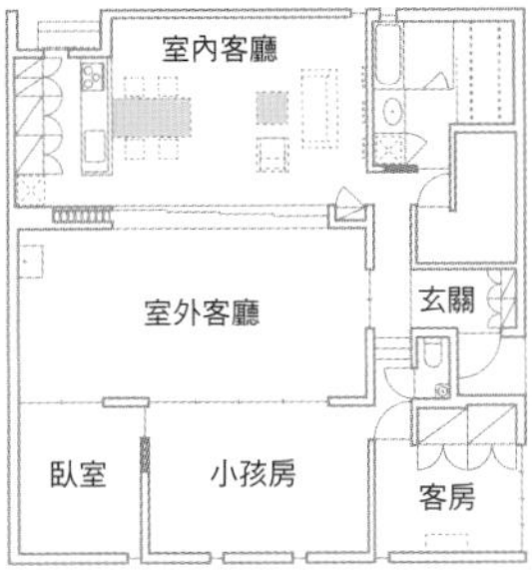

建築概要
基地面積／303.16㎡
總樓地板面積／110.90㎡
設計／石井秀樹建築設計事務所
案名／箱森町的家

桌腳形狀為特色之一的餐桌和茶几。兩者皆為護木油塗裝的柚木集成材製成。

可以從多方向使用的閣樓收納

在一樓餐廳上方，配置了位於二樓的閣樓收納空間。收納空間位於樓層的中心位置，是一個從各個方向都能使用、而且擁有5．8個榻榻米大小的超大空間。

因為長期放置棉被和季節限定的家電，所以在每個方向都設置了折疊式拉門，促進空氣流通。面向走廊的部分放置掛衣架，當作收納衣服的空間。因為這個閣樓收納的設置，減少其他家具的擺放，使空間更為寬敞。

建築概要
基地面積／102.68㎡
總樓地板面積／117.18㎡
設計／MDS一級建築士事務所 HATTAYUKIKO
案名／POJAGI的家

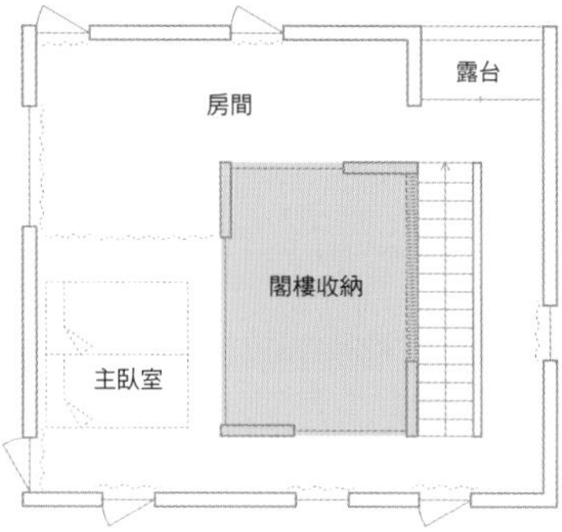

將容易變成死角的挑高上部打造成收納空間。

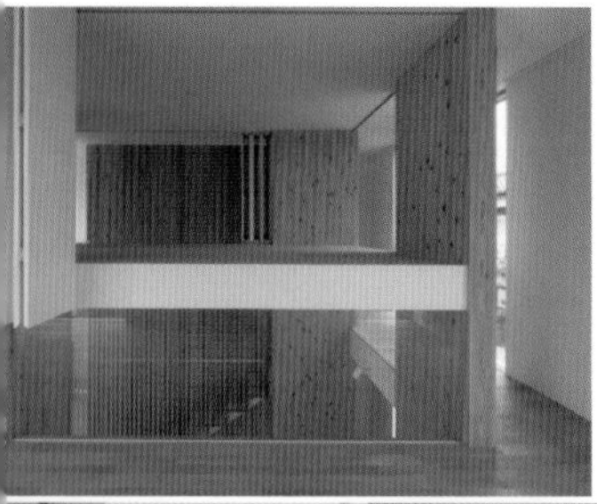

藉由混和素材營造時尚感的餐廚空間

廚房、展示櫃和排油煙機皆為原創設計。美麗木紋的柚木和堅硬氣息的不鏽鋼搭配，是建築師配合柚木餐桌與展示櫃所設計出來的作品。

在牆上設置玻璃拉門的展示櫃，可以任意裝飾喜愛的餐具或小物。在這個留白的空間裡，可以根據擺放的物品，為室內調性帶來變化。

建築概要
基地面積／231.86㎡
總樓地板面積／99.57㎡
設計／imajo design
案名／都留的家

在砂漿構成的地板上採用防塵塗裝。餐桌上方的照明器具，採用遮住光源的設計，柔和的造型成為室內的一隅美景。

享受裝飾和收納樂趣的壁面收納

如果將來需要「隱藏」的物品增加，可以加裝門扇調整。可以根據生活方式或持有物品的變化而隨機應變。

建築概要
基地面積／81.77㎡
總樓地板面積／85㎡
設計／NIKO設計室
案名／尾崎家族的家

沿著一樓的超大樓梯，配置了大容量的收納櫃。從鞋子和雨傘等玄關周圍，到客廳的雜物等，配合各空間的機能設計了對應的收納空間。

並利用門扇的有無，調整「展示」和「隱藏」的機能，決定收納方便度及外觀。雖然完工時只設置了少數門扇，但是將來必要時可以另外加裝。

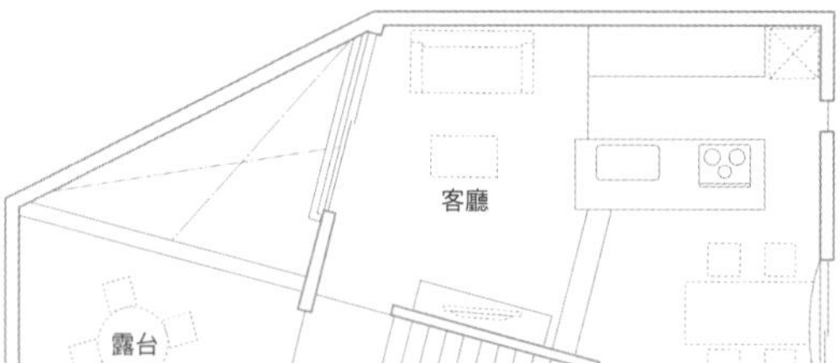

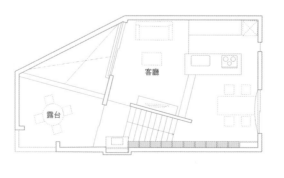

利用收納櫃打造大容量收納空間

為了能活用小面積住宅，決定將收納空間增大。統一收納方向以及具有深度的收納櫃，同時也兼具隔間的機能，避免產生死角，活用空間。

和牆壁一體化的收納櫃，將空間與空間連結，並且能調整自然光線進入的方向。收納櫃能夠自由滑動的設計，加上能夠增加櫃子的空間，隨時根據生活方式的變化而改變。

建築概要
總樓地板面積／52.0㎡
設計／ageha.
案名／501

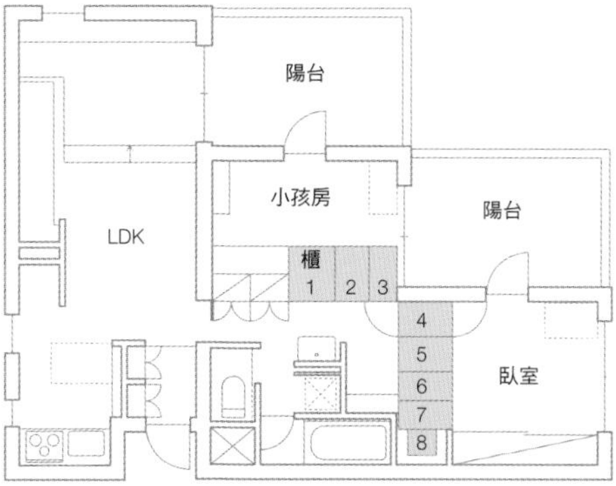

藉由收納櫃的組合，能隨時將空間彼此連接或是隔絕。收納容量也不容小覷。

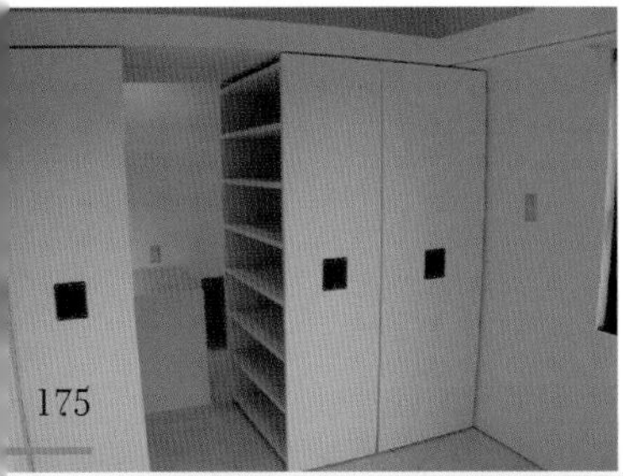

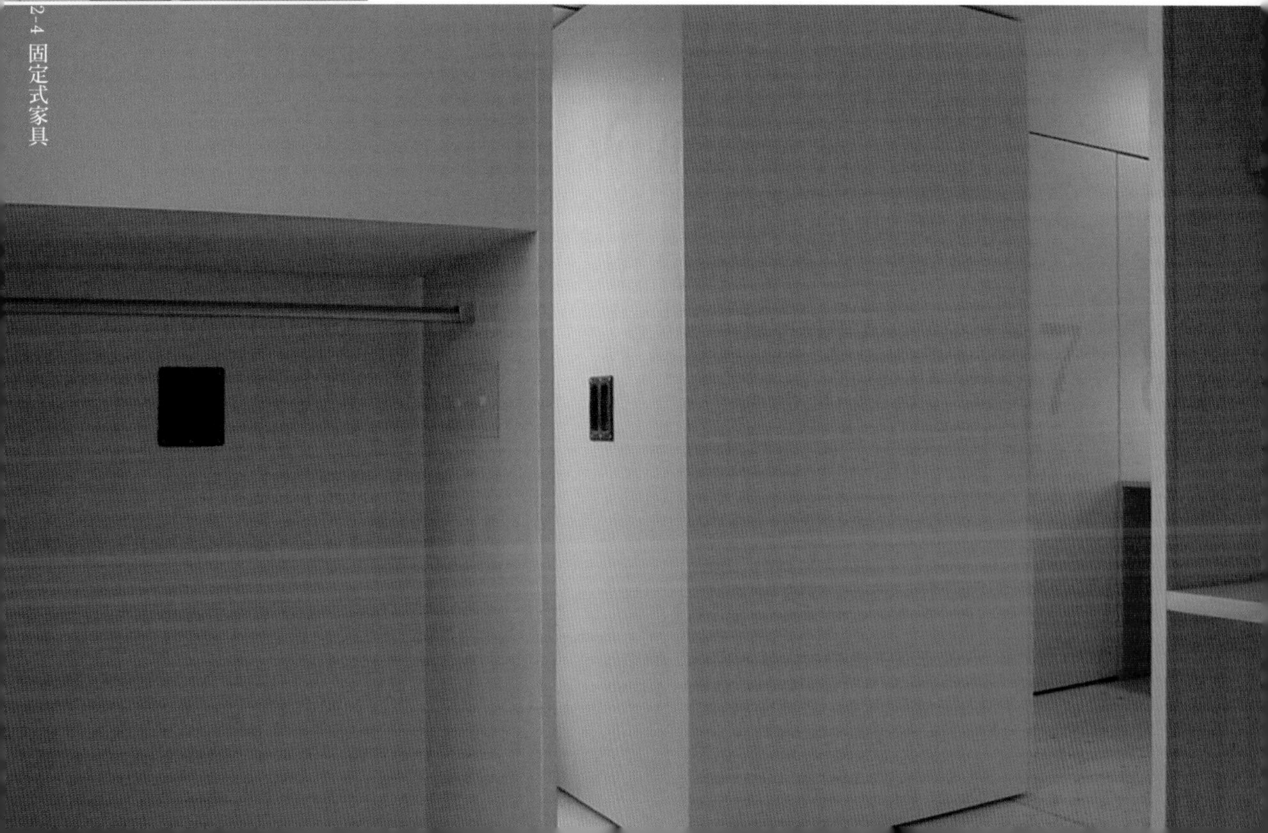

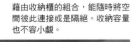

地板和天花板之間是全家人的書架

建築概要
基地面積／82.79㎡
總樓地板面積／75.3㎡
設計／MDS一級建築士事務所
案名／Tamaran坂的家

在狹小住宅中，收納空間的足夠與否往往是設計的重點之一。

於是在天花板與地板之間這個容易被遺忘的地方配置收納空間。將屋頂及每層樓的地板分解成上下兩片，並且將兩片之間的空隙活用成收納空間。

將二樓客廳地板下的空隙設計成書架，放置全家人共有的藏書。

將地板分解成兩片並活用空隙，間接增加了住宅面積。

玄關角落是便利的收納空間

玄關配置的儲藏空間，為全家人帶來舒適及充滿趣味的生活。從其他房間也能輕鬆到達的動線設計，讓方便性大增。

在通過玄關的動線上配置收納空間，並且設置拖鞋區，讓玄關能隨時保持整潔美觀。

建築概要
基地面積／205.58㎡
總樓地板面積／218.60㎡（包含地下室，不含閣樓）
設計／充綜合計畫一級建築士事務所
案名／擁有趣味地下空間的中庭住宅

三合土由金屬鏝刀塗抹有色砂漿組成。儲藏空間的地板為白樺木，櫃子則由椴樹的實木合板製作而成。

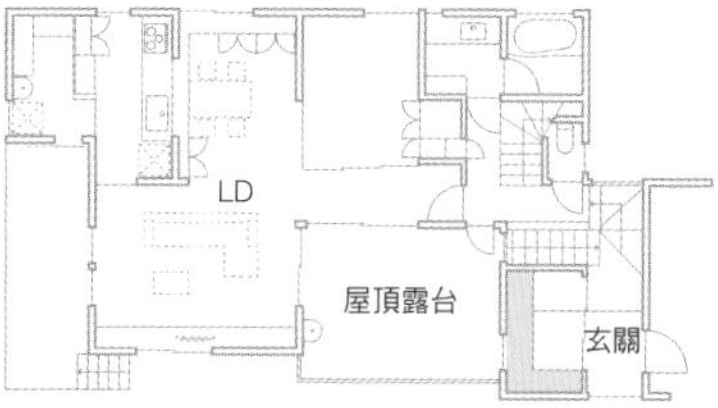

講究細部設計營造復古氣息

這是一棟將屋齡40年的國營社區房子，維持基本構造並加以重建的住宅。進入玄關後走廊隨即映入眼簾，走廊的對面則並排著廁所和小孩房的門扇。

在廁所的門上裝設窗戶，為走廊盡頭打造明亮的氛圍。用西式玻璃當作小孩房的門扇，保持恰到好處的隱私感。

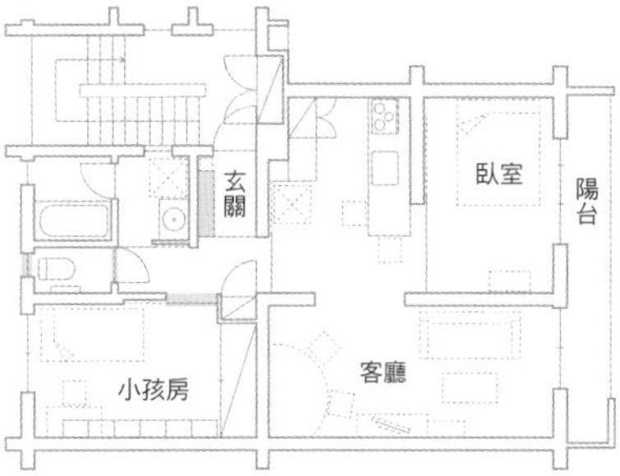

各式各樣的素材及古老建築物的組合，營造出溫馨的氣氛。

建築概要
總樓地板面積／63.07㎡
設計／都留理子建築設計STUDIO
案名／梠澤S邸

Chapter 3
決定住宅的調性

3-1
玄關・入口通道
切換開與關

目送家人外出、迎接家人回家的空間，
不論在心理或是空間層面，
都屬於一個切換開與關的地方。
空間雖然小，對於住宅卻是個極為重要的存在。

擁有長椅和植物的悠閒玄關門廊

建築概要
基地面積／199.60㎡
總樓地板面積／142.98㎡
設計／村田淳建築研究室
案名／浦和的2棟住宅的家

玄關不僅是悠閒迎接客人的地方，也是踏出家門第一步的「室外」空間。在門廊周圍栽種豐富的綠意，讓玄關變得若隱若現，打造成一個恰到好處的緩衝空間。

門廊上方設有寬敞的屋簷，並且設置長椅，偶爾將行李等放置在長椅上，方便拿出鑰匙開門，增加便利性。雖然是一個小設計，但卻能減少不便，營造出多采多姿的生活方式。

玄關是一個寬敞的土間空間。黑色磁磚X白色間隙充滿現代風調性。

能當作接待間使用的玄關土間

建築概要
基地面積／516.59㎡
總樓地板面積／240.35㎡
設計／奧野公章建築設計室
案名／淨妙寺的家

這棟住宅位於住宅區中，約150坪的非正方形基地上。雖然周圍被綠意圍繞，但因為基地高於路面1m，為了不影響周圍住宅，因此決定蓋一間接近幾乎是平房的住宅。

玄關同時也是客人來訪時的接待間，由雅緻的地板構成。可以和客人站在土間聊天，或是坐在長椅上悠閒地喝茶等，享受各式各樣的生活方式。

雅緻的單一色調裝潢也深受外國客人好評。

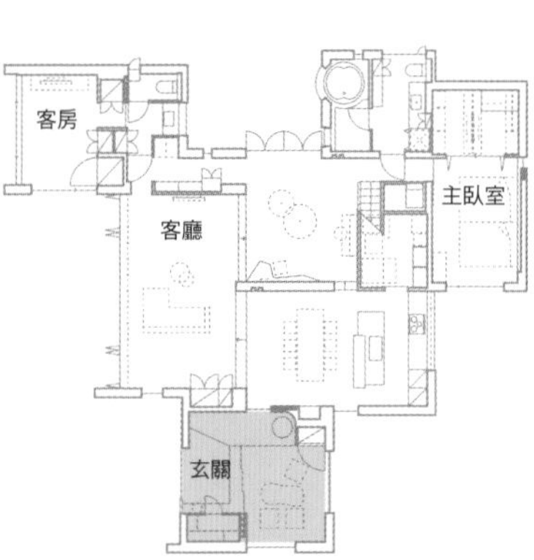

兼用入口通道的寬敞「門口等待室」

基地位於眺望、通風極佳，被綠意盎然環繞的鎌倉地區。在這裡蓋了一間能感受四季更迭，擁有寧靜生活環境的住宅。

時常有國外客人來訪的屋主，希望能擁有一間雅緻且充滿和風情調的住宅空間。用木材張貼構成柔和的入口空間，迎接來訪賓客。在兩棟平房組成的建築物中間設置屋頂，當作玄關和入口通道連接空間，也具有緩衝室內外空間的效果。

建築概要
基地面積／463.93㎡
總樓地板面積／151.91㎡
設計／八島建築設計事務所
案名／西鎌倉的家

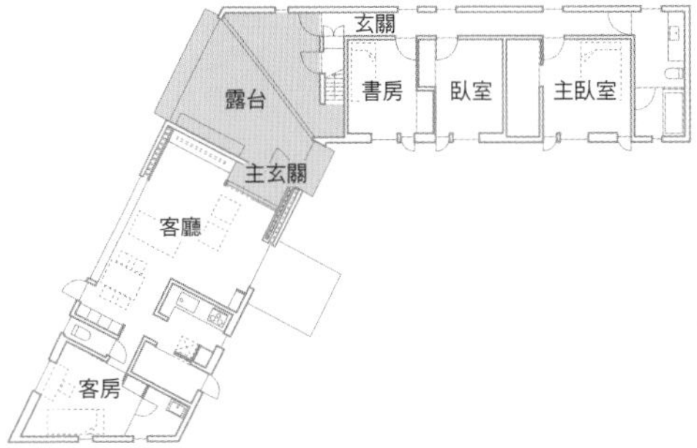

在玄關空間設置長椅，活用成悠閒的「門口等待室」。

充滿下町風情的拉門玄關

建築概要
基地面積／52.78㎡
總樓地板面積／102.13㎡
設計／APOLLO
案名／ALLEY

住宅位於死巷裡的狹小基地上。考慮到車輛通行與施工的方便性，決定住宅的主體結構為木造結構。外牆採用靜謐的深棕色橫條狀鍍鋁鋅鋼板，毫無違和感的融入老街道裡。

將拉門打開後，寬敞土間玄關的前方是一個可以當作接待室的架高空間。這個空間和土間形成一體感成為緩衝區，充滿昔日的日式生活氛圍。

玄關前方的小架高設計，是一個可以穿著鞋子輕鬆聊天的空間。

藉由配置寬敞的玄關土間，確保室內的隱私性。

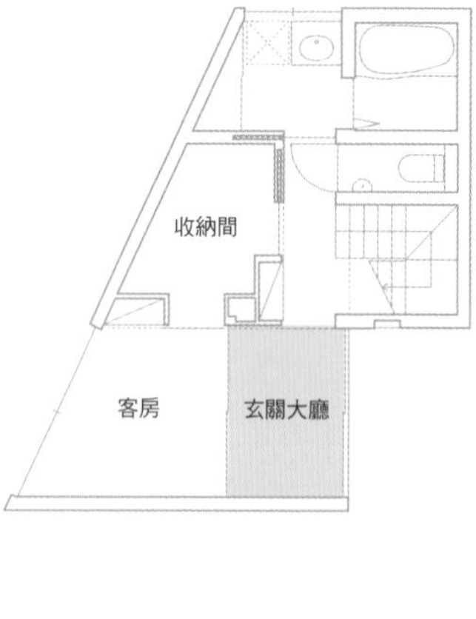

兼具防盜功能的現代和風橫條紋門扇

住宅位於安靜的住宅街，正面狹窄且深長型的基地上。為了能讓愛好音樂的屋主享受音樂時光，採用RC構造並且在地下室配置音樂工作間。

在工作室旁配置中庭，考量到隔音效果而採用雙層玻璃設計，解決噪音問題。另外，在玄關也設置內外門的兩層門扇設計，提高防盜功能。橫條紋的玄關門映出的格紋陰影，讓玄關周圍充滿現代風的氣息。

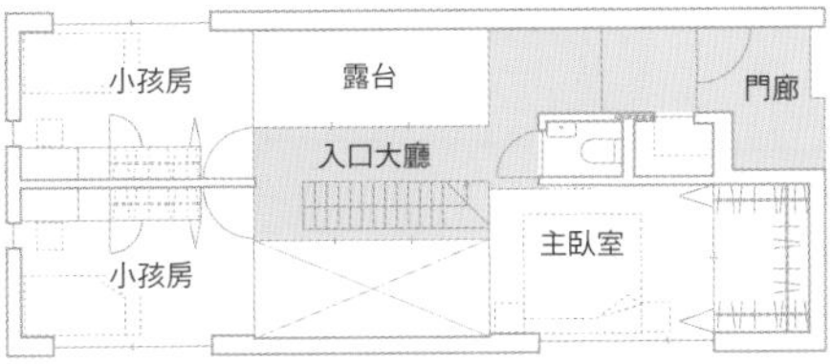

建築概要
基地面積／122.26㎡
總樓地板面積／153.93㎡
設計／APOLLO
案名／NEUT

橫向格柵營造出和風氣息，
也兼具防盜效果。

將杉木質感發揮到極致的山莊玄關大廳

建築概要
基地面積／690.00㎡
總樓地板面積／131.77㎡
設計／MDS一級建築士事務所
案名／八之岳的山莊

這一棟山莊周圍環繞著自己栽培的菜園和美麗山群。將玄關門打開後，迎接而來的是由美麗杉木天花板構成的玄關大廳。

將建築物以扇形朝南側敞開，引入充足的陽光，並配置寬敞的入口門廊當作停車場。充分利用木材質感，打造出一棟完全融入在八之岳山腳下原野的住宅。

近在咫尺的田園草地或是遠方的山群等，從不同空間可以欣賞到各式各樣的美景，為室內打造出多采多姿的景色變化。

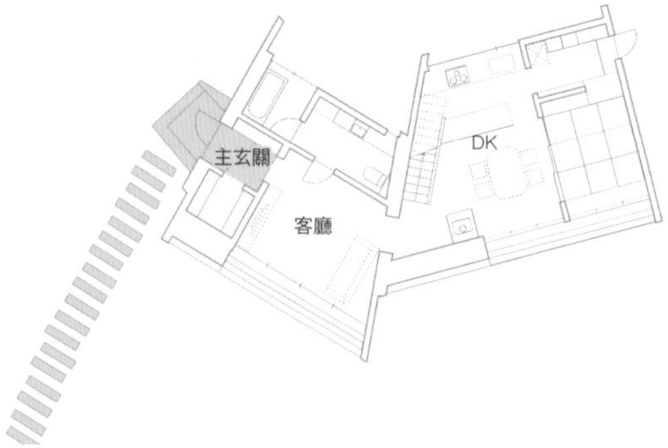

洗滌心靈的悠閒入口通道

為了讓住宅遠離附近的停車場和主要道路，因此決定打造一間和主屋分開，被中庭圍繞的中庭住宅。在玄關前方配置寬敞的停車空間，同時也兼用入口通道，將周圍環境和室內之間打造出恰到好處的距離感。

　將玄關配置在與前方道路垂直的方向，可以避免打開門扇直接看到室內，確保住宅隱私。在玄關門廊種植綠意，巧妙地隱藏玄關空間。

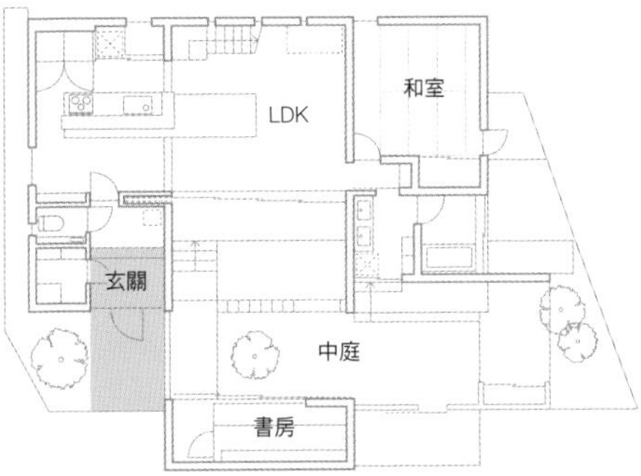

建築概要
基地面積／300.55㎡
總樓地板面積／126.33㎡
設計／奧野公章建築設計室
案名／八潮的家

連續的木格柵設計，誘導人走向住宅入口。為了保護住宅隱私，將玄關周圍設計成關閉內陷的空間。

擁有愛犬專用庭院的住宅

建築概要
基地面積／185.52㎡
總樓地板面積／148.05㎡
設計／充綜合計畫
一級建築士事務所
案名／DOG COURTYARD HOUSE

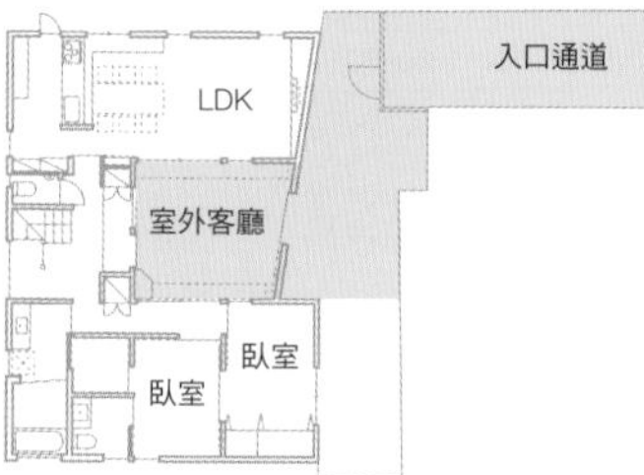

進入門口後，以ㄈ字形圍繞著中庭（愛犬庭院）和中庭的住宅迎面而來。

這是一棟和5隻小型犬一同生活，且通風和採光極佳的住宅。專為如同家人的愛犬設計的空間，是屋主的期望。

將入口空間配置成寬敞的愛犬庭院讓狗狗任意使用。方便讓愛犬們散步的中庭（愛犬庭院），將涼風與陽光帶入室內，打造出舒適的空間。另外，對於二代同堂的全家人而言，中庭也賦予兩個家庭適當的距離感。

藉由迷你入口通道和街道融為一體

屋主希望在多角形的小巧基地上，打造一個能被來往行人喜愛的住宅外觀。

於是在玄關前方配置一個寬敞的門廊，並設置一個小巧的入口通道。另外在外圍種一圈植栽，讓綠意自然地融入街道，也增進住宅生活和街道的關係。

建築概要
基地面積／34.10㎡
總樓地板面積／35.65㎡
設計／NIKO設計室
案名／飯島家族的家

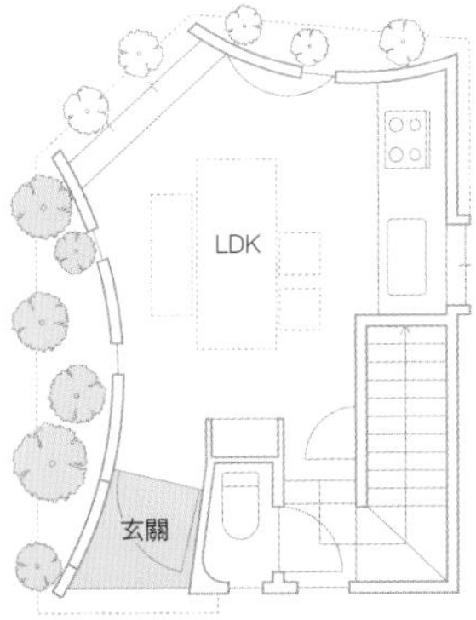

玄關曲面外牆前的空地，是連接室內外的空間。

迎接歸宅家人的是充滿樂趣的遊玩空間

為了保護住宅隱私，將玄關周圍設計成關閉內陷的空間。

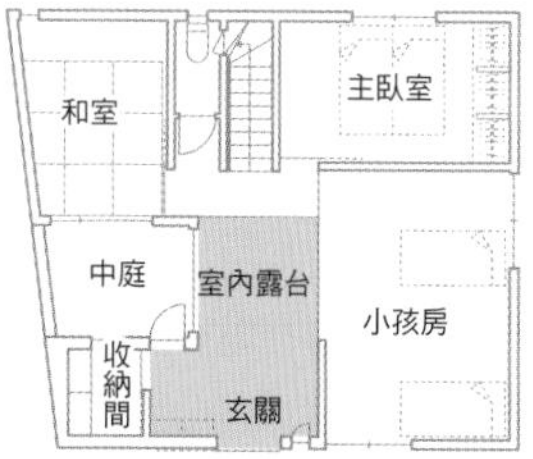

屋主的興趣是戶外運動和腳踏車，因此在打開玄關後的空間裡，配置一個寬敞的室內露台（土間）。並將土間與中庭和小孩房連接，成為一個有如第二個客廳的空間。

在地板鋪設磁磚，牆壁則是木板張貼，讓孩子們能夠在此盡興地遊玩。將小孩房的地板稍微架高，搖身一變成為室內露台的座椅。

建築概要
基地面積／135.44㎡
總樓地板面積／121.70㎡
設計／LEVEL Architects
案名／大船的住宅

利用間接照明營造出靜謐的玄關

屋主希望在玄關設置窗戶、脫鞋時的座椅和鞋櫃。

因此設置一個拉出式的椅子，平時能收納於牆內。隔間門扇和鞋櫃採用低成本的柳安木合板，並且使用深色的護木油塗裝。在鞋櫃下方設置間接照明，為玄關空間營造出豐富的表情變化。

地板採用帶有孔隙的洞石，營造出柔和的氛圍。

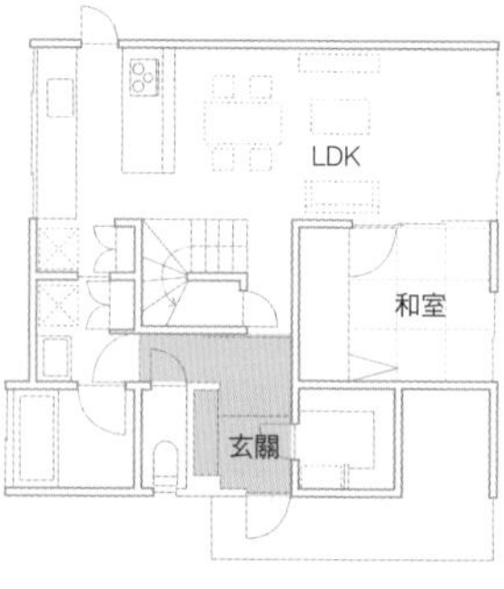

建築概要
基地面積／153.52㎡
總樓地板面積／117.78㎡
設計／佐藤宏尚建築設計事務所
案名／traveling

玄關的清水混凝土牆營造出的冷冽氣息，更凸顯門外的綠意盎然。

打開門扇後主樹的窗景在眼前敞開

打開玄關門後，種有雞爪槭（Acer palmatum）的中庭美景隨即在眼前敞開。空間雖然小巧，但是有如被畫框取下的景色，為欣賞者留下強烈的印象。

玄關地板採用有壓紋的木地板，和清水混凝土牆面的組合，打造成一個能細細品嘗建材質感的空間。

建築概要
基地面積／189.23㎡
總樓地板面積／133.31㎡
設計／村田淳建築研究室
案名／成田東的中庭住宅

小巧卻扮演重要角色的前庭院

這棟住宅位於正面寬5.5m，長18m的細長型基地上。在位於南側的玄關配置庭院，並且當作入口通道，也為住宅前方來往行人提供綠意美景。

栽種沖繩的開花植物當作綠籬，巧妙地遮住外來視線。另外鋪設石塊地板停放腳踏車。

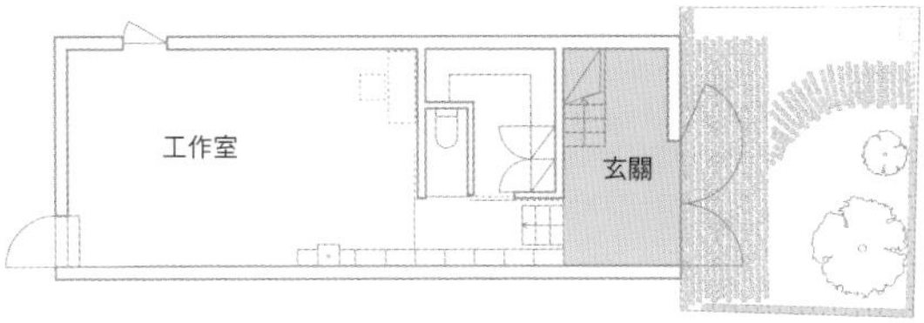

面向南側的庭院內植栽逐漸增加。這裡不僅是入口通道、孩子的遊玩空間，也是夫妻兩人放鬆身心的庭院。

建築概要
基地面積／95.83㎡
總樓地板面積／122.45㎡
設計／都留理子建築設計STUDIO
案名／羽根木I邸

「幽暗」的效果令人期待回家時刻

刻意降低玄關的亮度，再藉透過盡頭窗戶進入的光線，誘導人走向樓梯方向。若將玄關門打開後光線充滿室內，增添返家的趣味性。

在右側的白色牆壁內設置隱藏式的折疊座椅和信箱。前方的黑色木牆為收納間。住宅中心配置收納中心，打造出一條迴游動線。

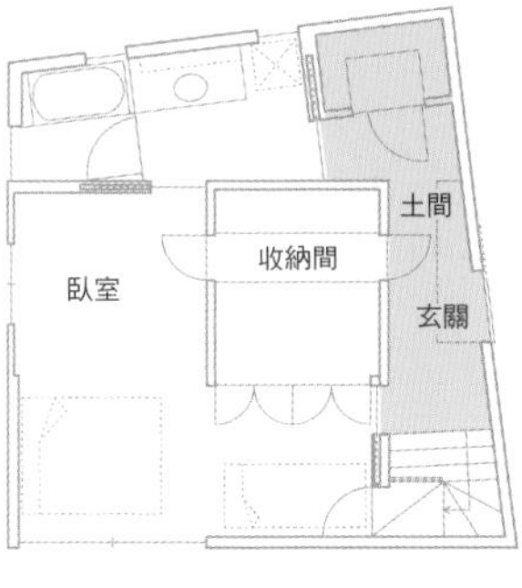

建築概要
基地面積／120.52㎡
總樓地板面積／87.27㎡
設計／石井秀樹建築設計事務所
案名／貫井的家

在室內設計一個連續的空間，打造出超越實際面積的寬敞感。

引客入室的玄關坡道設計

穿透天窗灑落在樓梯的光線，誘導來訪客人走入室內。考慮了各種建築計畫，最後決定將一樓的地板架高1m。另外為打造出屋主期望的無障礙空間，將入口通道設置成斜坡設計。並且在入口通道旁配置展示空間，擺放屋主珍藏的玩具。

建築概要
基地面積／396.81㎡
總樓地板面積／121.87㎡
設計／石井秀樹建築設計事務所
案名／鋸南的家

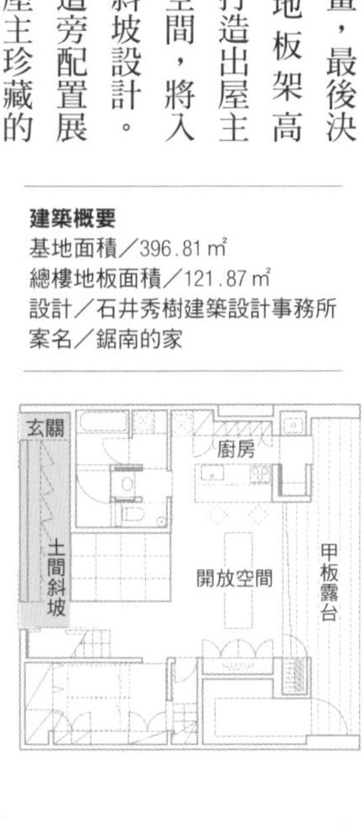

在斜坡旁邊設置狹縫狀的展示架。

將繁雜的日用品全都放置在玄關收納

為了達成屋主期望，在玄關配置收納空間，用來放置季節性物品、家電和行李箱等大型物品。

在收納櫃下方也設置了鞋櫃空間。寬敞的收納間也能夠放置嬰兒車。將部分門扇挖空，設計成能夠裝飾雜貨的壁龕空間。

建築概要
基地面積／91.80㎡
總樓地板面積／91.08㎡
設計／imajo design
案名／田園調布的家

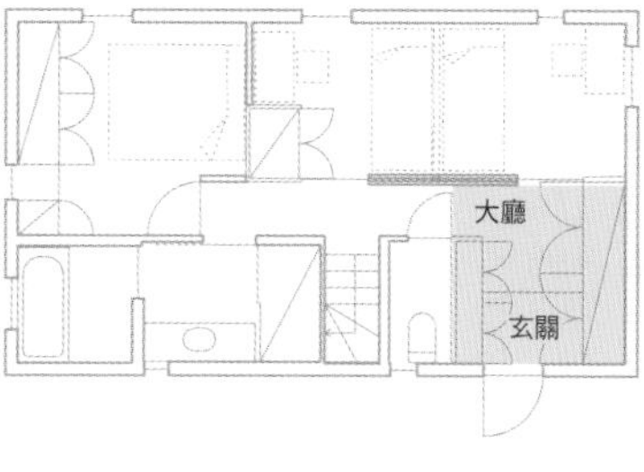

在玄關門旁設置霧面玻璃的固定窗。光線透過玻璃擴散進入，打造出明亮的玄關空間。

把寬敞的玄關土間打造成多機能空間

這個半室外的玄關，使外部空間自然地融入室內。由水泥構成的寬敞土間，與車庫上方的露台、盥洗室、洗衣間和曬衣間連接，將內外空間緩和地連結起來。家人們可以在這裡保養腳踏車、讓孩子們遊玩，或是當作下雨天的曬衣場等，是個能自由運用的空間。

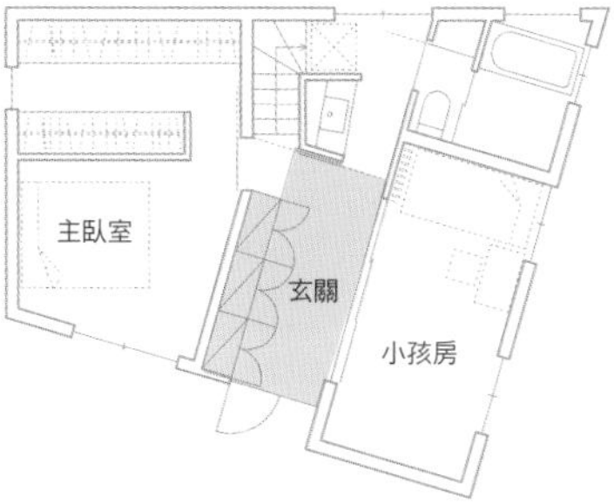

建築概要
基地面積／130.91㎡
總樓地板面積／117.88㎡
設計／桑原茂建築設計事務所
案名／淺見野的家

在寬敞的土間空間裡自由選擇生活方式。

在寬廣的住宅入口享受咖啡時光

入口休息室的長椅，稍微彎下腰來穿鞋時也很方便。

建築概要
總樓地板面積／95.4㎡（小孩家庭樓層）
設計／ageha
案名／passage

將玄關地板設置成土間樣式，並配置一個寬敞的入口休息室。打造成一個私人咖啡廳，偶爾和來訪朋友一起品茶聊天。

和客廳連續的固定長椅，將視線誘導至室內深處，營造出無比的深奧感。長椅也能當作展示台使用。

寬敞屋簷下的沉靜時光

寬2.5m，深1.8m的玄關門廊。在下雨的日子裡也是一個靜謐的空間。

建築概要
基地面積／231.86㎡
總樓地板面積／99.57㎡
設計／imajo design
案名／都留的家

玄關門廊由寬敞的正面開口和屋簷構成。寬大的面積足夠放置嬰兒推車和三輪車。

木製的門扇是由花旗松製成，並塗裝成和外牆相同顏色。隨著年月漸增，木製的外牆和門扇更顯質感，而黃銅製的門把顏色也會越深。

通往玄關充滿樂趣的入口通道

住宅位於典型的旗桿型基地上，因此將桿狀部分配置為入口通道。並且在長形的入口通道上種植各式各樣的植物，將這條通往家門口的道路打造成一條散步街道。

玄關門採用接近正方形的2m×2m門扇，令人充滿期待感地將門扇打開。

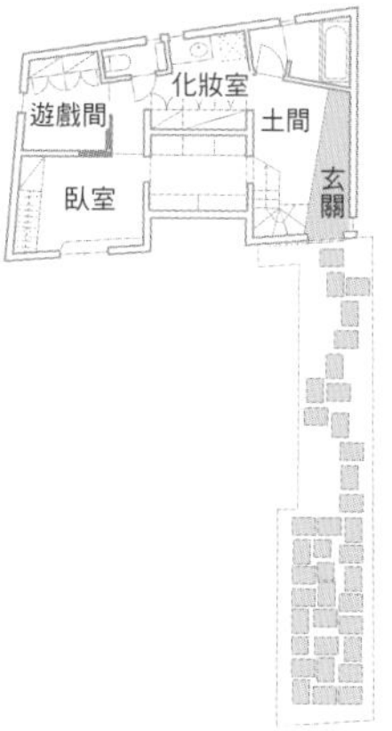

建築概要
基地面積／92.65㎡
總樓地板面積／78.48㎡
設計／NIKO設計室
案名／鴻巢家族之家

栽種各樣的植物，豐富的綠意迎接歸宅的家人。藉由設計方式為住宅帶來無限的寬敞感及趣味性。

從左側和正面進入的兩條動線

以箱型的用水空間為中心，從玄關配置兩條動線通往室內。其中一條是通往茶室的入口通道，也具有茶室庭院露地的功能。

右側水曲柳木構成的牆面，是為了隱藏結構柱而設，同時也兼具壁面收納的機能。

建築概要
總樓地板面積／108.92㎡
設計／H.A.S. Market
案名／SUR

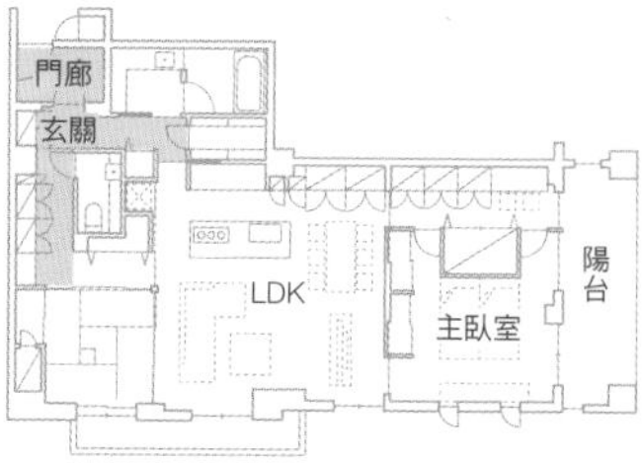

配置多條動線，在家中行走時更加輕鬆便利。

有如渡橋般的開放式入口通道

由玻璃門扇構成的開放式玄關，將建築物前的道路與室內連結。

利用大型的狹縫窗和玻璃玄關門，打造出一個向外敞開的玄關空間。並且當作入口渡橋，將街道與室內連結起來。

另一方面，將全家人聚集的客廳配置在地下室以守護隱私。

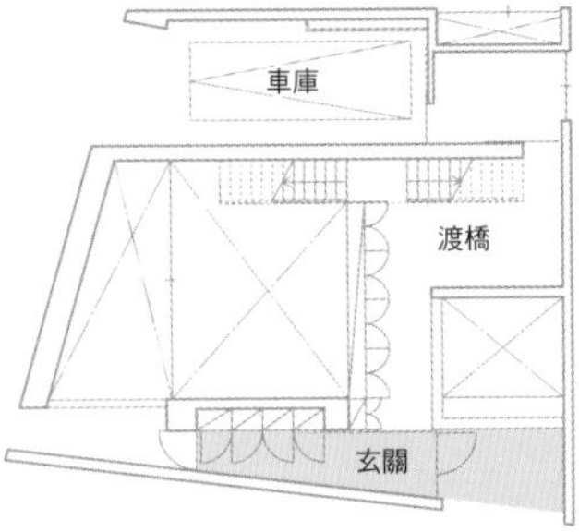

建築概要
基地面積／150.86㎡
總樓地板面積／207.74㎡
設計／MDS一級建築士事務所
案名／目白的家

燈火透過窗戶迎接歸宅的家人

這是一棟位於山崖的旗桿型基地住宅。在既有的入口通道上，因為地基高度關係而原本設有一個室外樓梯。因此配置一個兼做為玄關與擋土牆用的玄關。另外為了降低成本，將入口通道設計成一條緩坡道。燈火透過窗戶溫暖地迎接歸宅的家人。

建築概要
基地面積／187.15㎡
總樓地板面積／129.39㎡
設計／充綜合計畫一級建築士事務所
案名／OPERA

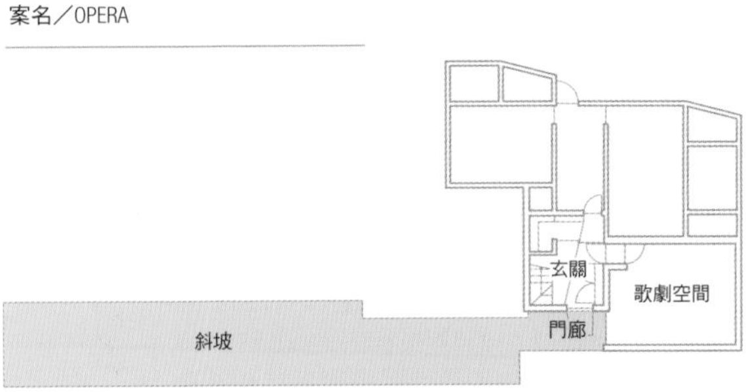

若在盡頭設置玄關門的話，視線將無法延伸到底，因此設置了固定窗。

Chapter 3
決定
住宅的調性

3 - 2

外觀

作為住宅的「臉」

住宅外觀表面帶有個性的同時，
也有調和街道景觀的功能。
具有日夜不同表情變化的住宅，
成為街道中的一抹美景。

發揮旗桿型基地特性，設置觀察窗

建築概要
基地面積／115.81㎡
總樓地板面積／110.64㎡（不含閣樓）
設計／充綜合計畫一級建築士事務所
案名／TREASURE BOX

這住宅位於旗桿型基地上，利用外牆將半室外的窗框包覆起來，也將窗框冰冷的氛圍隱藏起來，營造出清爽的氛圍。來訪客人看到這個住宅時，這個窗戶設計首先映入眼簾，賦予觀賞者俐落的印象。

窗戶同時也具有觀察室外情況的機能。能夠提高防盜功能，以及確認來訪客人或是宅急便，讓動線變得更順暢。

可以透過觀察窗看見旗桿基地的桿部（入口通道），藉此確認來訪客人。

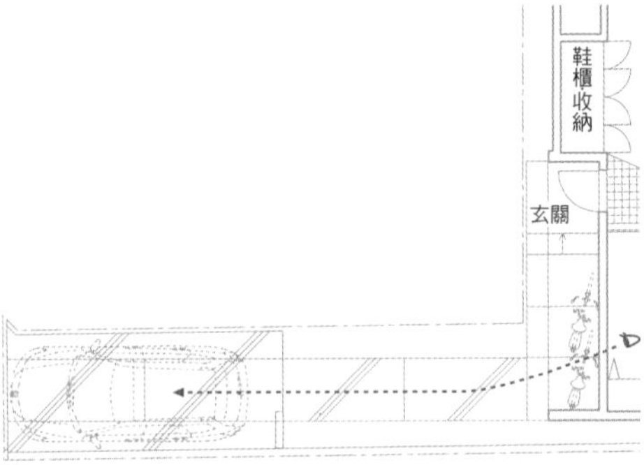

將屋頂斜向切開 仰望藍天

這個令人印象深刻的住宅外觀，是當初想讓視野往西側延伸，以及確保隱私性而發想的設計。將住宅上部切出一個三角錐，打造成獨特的設計。

這個獨特的外觀造型，打造出防止外部視線進入的陽台及庭院，以及全家人獨享的天空美景。不僅提高室內空間隱私，也能擁有多采多姿的生活。屋頂線條雖然呈現出俐落的氣息，但木板張貼構成的外牆，也營造出柔和素材氛圍。

建築概要
基地面積／135.44㎡
總樓地板面積／121.70㎡
設計／LEVEL Architects
案名／大船的住宅

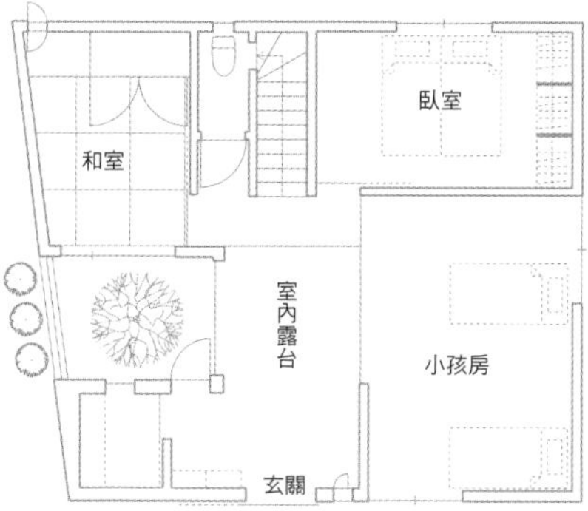

鋪設木板的外牆在街道中呈現出溫和的氣息，屋頂切口則賦予俐落的印象。充滿個性的外觀令人印象深刻。

發揮燒杉板特色與機能的箱型住宅

為了減緩外觀隨著時間而老舊的情況，防雨對策是不可少的。沒有屋簷的設計，加上雨遮的設置，使住宅外觀別具特色。

建築概要
基地面積／120.53㎡
總樓地板面積／86.94㎡
設計／佐藤宏尚建築設計事務所
案名／5層的家

燒杉板不只具有獨特的顏色，也是一種擁有極佳防火、防蟲及防腐性的高機能建材。為了能將其特色發揮到最大限度，因此將未經過塗裝處理的燒杉板，當作外牆材料使用。

考量到防水性，因此採用縱貼法。另外，在外牆周圍設置鐵製的雨遮，讓外牆能長保美觀。呈現出俐落線條的雨遮，為簡約的箱型住宅增添一抹設計感。

簡約的外牆及外圍的雨遮設計，為住宅外觀增添特色。

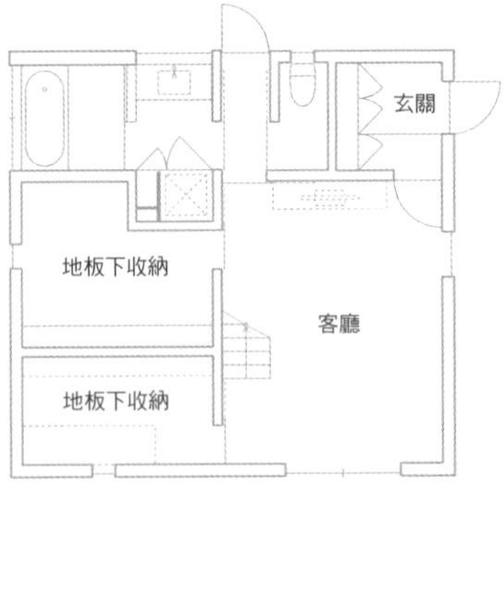

美麗的外牆線條表現出與街道的關係性

在無法打造出美麗線條的屋頂及屋簷的都市裡，外牆的線條設計比屋頂更為重要。

呈現斜角的外牆與當地住宅街道相互呼應，而不會被埋沒在整體環境裡。提升建築物和周圍環境的關係，成為當地深受居民喜愛的住宅。

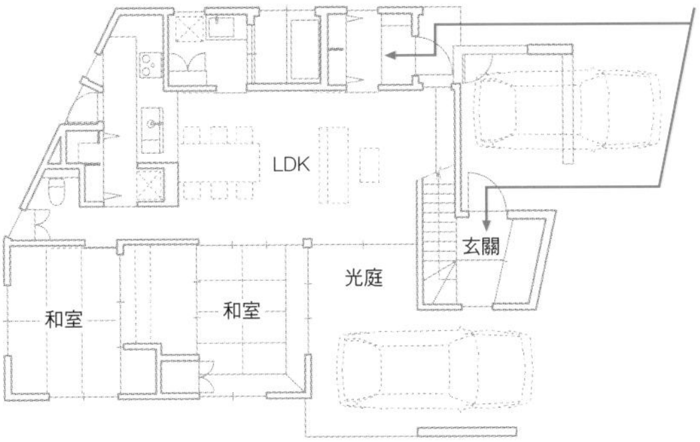

建築概要
基地面積／191.23㎡
總樓地板面積／187.19㎡（不含閣樓）
設計／充綜合計畫一級建築士事務所
案名／FOLD

建築物的造型平衡和周遭環境營造出外觀的美感。外型獨特卻巧妙地融入在住宅街道中。

在半室外的出入口輕鬆交談

感受「住在街道上」氣氛的住宅正面外觀。

建築概要
基地面積／59.45㎡
總樓地板面積／85.77㎡
設計／NIKO設計室
案名／佐藤家族的家

這是一棟位於多角形基地的住宅。為了能兼具隱私以及方便朋友聚集，於是設計出令人彷彿居住於街道上的外觀。

半室外設計的出入口空間，能夠巧妙遮住來往街道行人的直接視線。門口的綠意也營造出舒適的陰影。配置於一樓的餐廳，透過半室外空間和前方道路連接，屋外氣息有如近在咫尺般，享受開放舒適的生活空間。

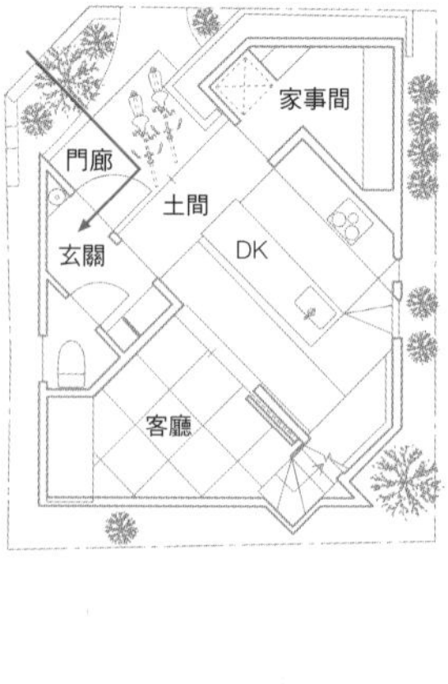

控制從住宅旁邊公園而來的視線

這是一棟位於在公園旁基地上的三層樓住宅。因為在靠近公園一側有社區陽台，所以設置了換氣用的小窗戶。

而在每層樓面向住宅中央中庭的方向，設置大面積的開口部。如此一來不但能遮住從公園而來的視線，又能與公園借景，將豐富的綠意帶入室內空間。

建築概要
基地面積／100.74㎡
總樓地板面積／106.00㎡
設計／充綜合計畫一級建築士事務所
案名／借景的家

在陽光和煦的白天不需要百葉窗。晚上則藉由百葉窗確保隱私，渡過閒適的夜晚。

利用傾斜打造出的煙火特等席

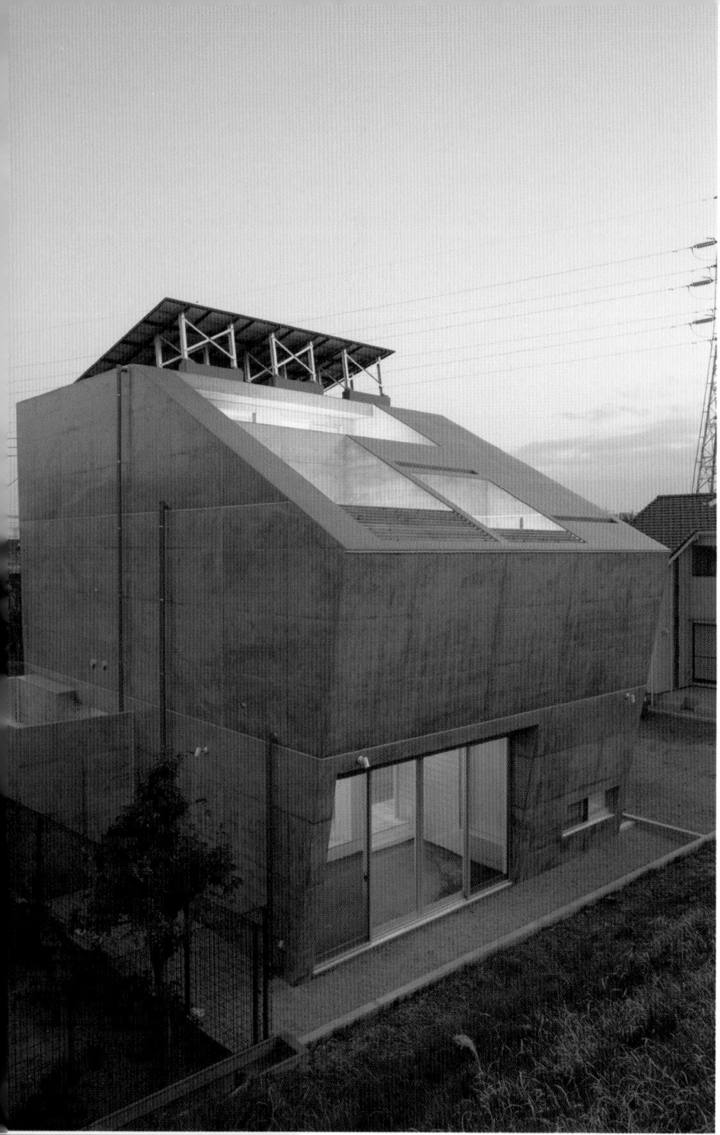

建築概要
基地面積／207.50㎡
總樓地板面積／193.81㎡
設計／LEVEL Architects
案名／富士的住宅

這棟住宅上部由傾斜的線條，打造出令人印象深刻的外觀。而斜面則活用成三樓的露台，一到夏天就搖身一變成為全家人的休息空間，或是在這裡欣賞煙火。

在南側的清水混凝土牆上，覆蓋一層木格柵，減少過於冷峻的氣息。硬質的素材與自然素材的對比，成功為住宅外觀打造出豐富的表情。

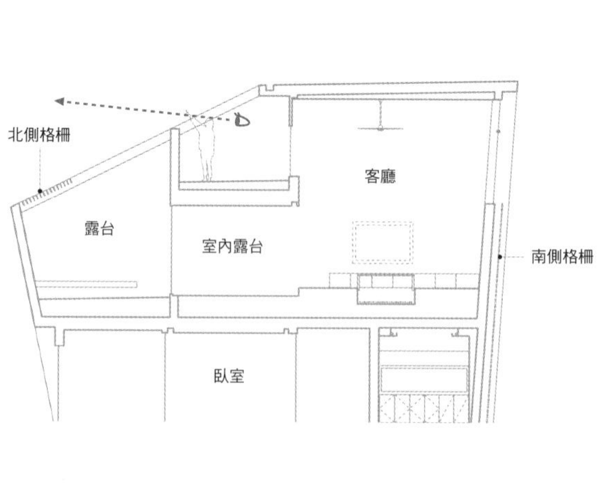

柴火暖爐的煙囪佇立的大屋頂住宅

這是一棟位於市郊住宅區的家族4人住宅。即使沒有空調，也能過著採光和通風良好的舒適生活，和家人朋友一起享受用餐等，實現全家人的夢想。

擁有柴火暖爐也是全家人的期望之一。在冒出柴火暖爐煙囪的屋頂部分設置狹縫，並且在二樓配置甲板露台，和小孩房連接。將一樓的庭院和餐廳直接連接，將屋外空間也帶入室內，打造出樂趣十足的住宅生活。

建築概要
基地面積／218.18㎡
總樓地板面積／139.94㎡
設計／直井建築設計事務所
案名／T邸

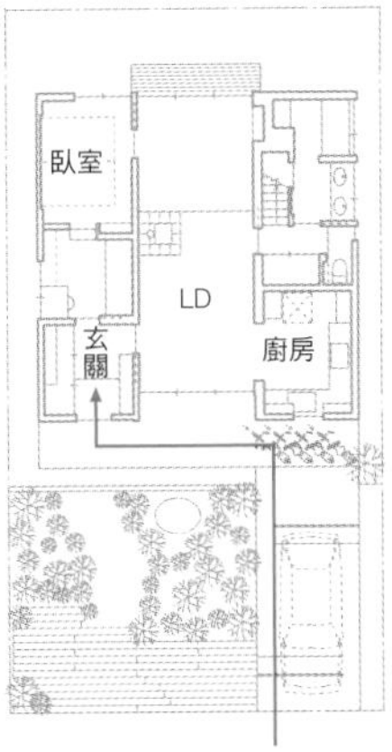

屋頂敞開的狹縫設計，為室內引進自然光線。

依照屋主的要求「凝聚人們，以餐桌為中心享受住宅生活的家」，打造出平易近人的住宅外觀設計。

溫和的陰影覆蓋在前衛的住宅造型上

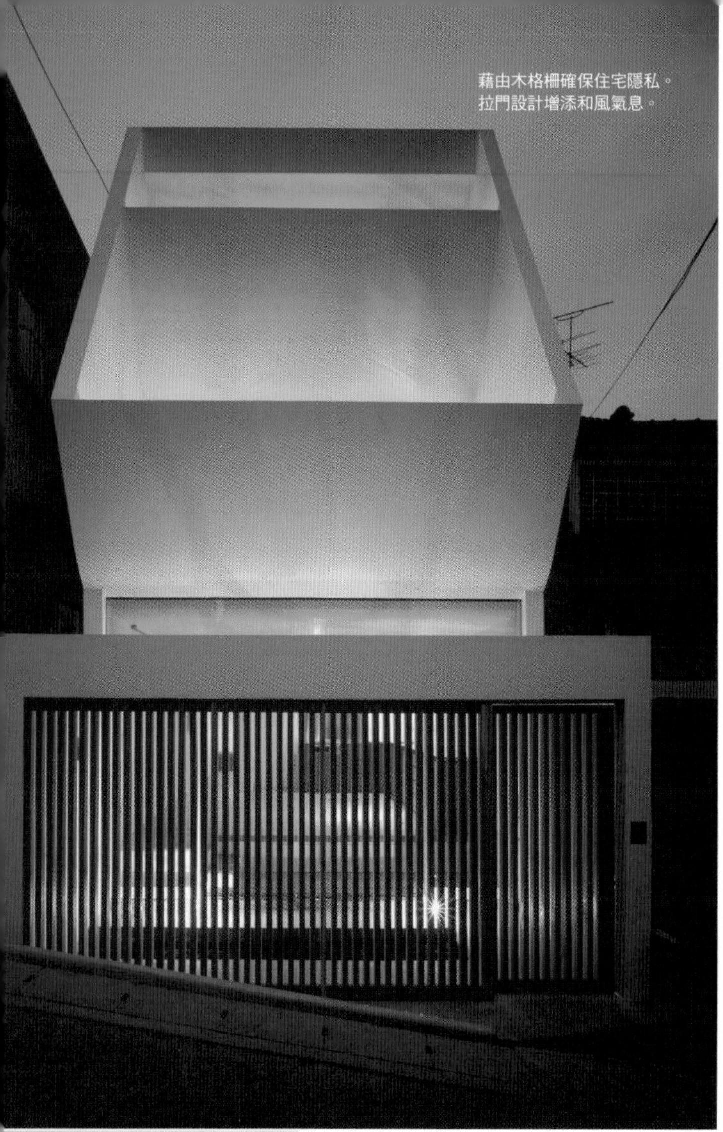
藉由木格柵確保住宅隱私。拉門設計增添和風氣息。

建築概要
基地面積／75.29㎡
總樓地板面積／114.72㎡
設計／石井秀樹建築設計事務所
案名／梶之谷的家

深具外觀特色的二樓曲面，不僅是二樓露台的欄杆，也有一樓雨遮的機能。陽光或室內照明，透過圓滑的曲線打造出美麗的陰影，一整天呈現出多采多姿的表情。

一樓入口空間的木製格柵，是由美國杉木構成。為塗裝白色隔熱塗料的清水混凝土外牆，增添溫和的氣氛。雖然是簡單的素材，但是藉由大膽的造型組合，打造出別具特色的外觀。

日夜呈現不同的住宅樣貌。

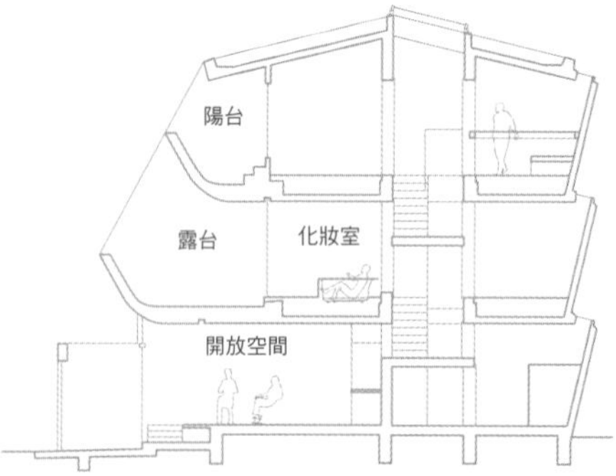

俐落線條下方是豐富的生活空間

住宅外觀由水泥和美麗木材對比交織而成，其中又以陡峭的牆面為特色。這是為喜愛現代風設計的屋主夫婦，打造出帶有趣味感的外觀設計。

藉由外觀的斜線，不但能確保室內的寬敞感，也能遮住外部視線，營造出豐富的室內空間。另外，充滿陽光的內部停車場也可以成為孩子們的遊樂基地。

建築概要
基地面積／148.56㎡
總樓地板面積／140.32㎡
設計／APOLLO
案名／FLOW

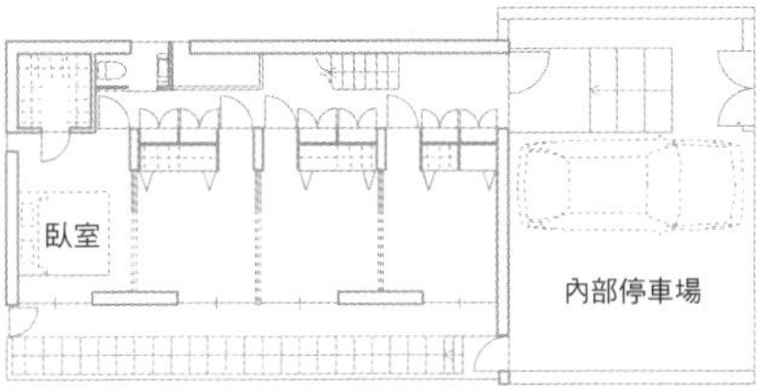

冷冽的黑色調外觀與解放的白色調室內空間

住宅正面狹窄，乍看之下充滿閉塞感，但藉由內部的光庭設計，為室內帶來開放的氣氛。黑色的外牆材料營造出冷冽的外觀。

建築概要
基地面積／67.77㎡
總樓地板面積／114.35㎡
設計／佐藤宏尚建築設計事務所
案名／o-house

這是一棟位於都市狹小建地上的三層樓住宅。因為基地位於密集住宅區內，因此採用向外封閉的外觀設計。

以黑色為基調的設計，雖然賦予封閉的印象，但是在住宅中央配置了中庭，打造出明亮開放的室內空間。並且藉由各處設置的狹縫窗，將充足的光線引進室內。

室內以白色調統一，和外部相較之下是一個明亮的空間。藉由室內外的對比，也為住宅生活增添一抹樂趣。

藉由狹縫窗和三樓的高側窗，為室內引進充足光線。夜晚降臨後，室內的光線灑落地面。

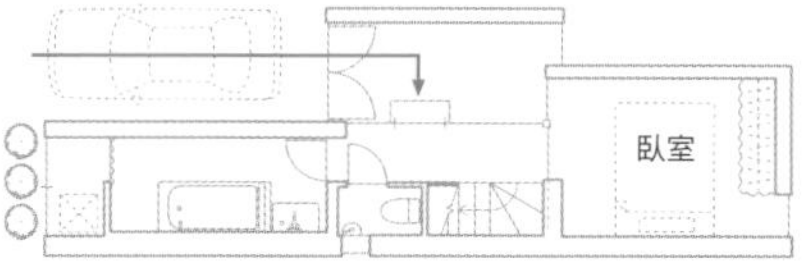

利用新工法打造的4層樓狹小住宅

032 外觀

建築概要
基地面積／84.23㎡
總樓地板面積／130.72㎡
設計／MDS一級建築士事務所
案名／鐵的家

這是一棟位於都市中，正面狹窄的住宅。如何將牆壁薄化，並且能往上堆疊是這次住宅設計的重點。

利用螺栓將市售的輕量溝型鋼材連接，建造出連同外牆材共10㎝厚度的結構體，成功打造出高10m的四層樓建築。不需要專業技術的工匠，只要利用簡單的系統方法就能夠完成。依照屋主的期望使用無機質建材，打造出設計感十足的住宅外觀。

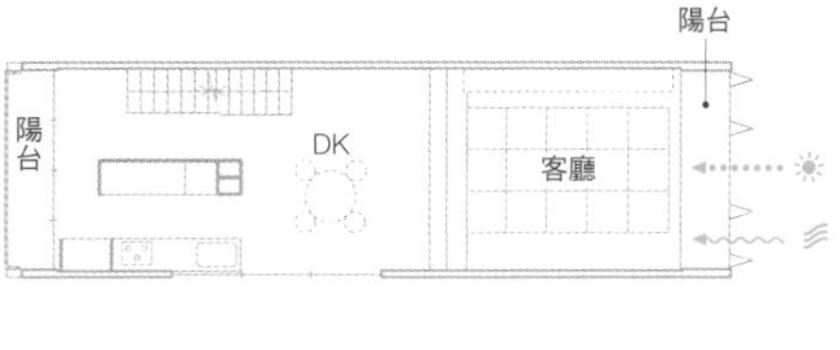

有如箱子堆疊組合成的外觀。由箱子間空隙的開口部，在白天為室內引進自然光線，到了夜晚室內照明則灑落於街道上。

黑白格子造型的住宅大樓變成美麗地標

建築概要
基地面積／31.34㎡
總樓地板面積／72.46㎡
設計／APOLLO
案名／DAMIER

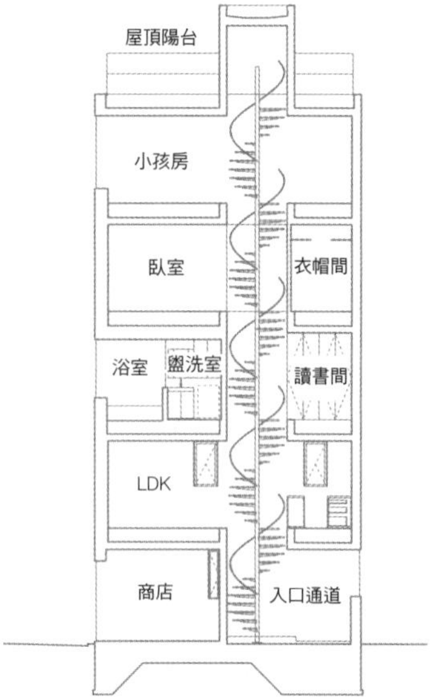

這是一棟將位於僅僅9坪基地上的房子，改建成一樓出租的住宅。

將一樓當作辦公室出租，上層為自住的形式，在都市區已經是一種典型的住宅形式。因為基地位於十字路口上，所以將外觀設計成黑白格子造型，成為街道的地標。

藉由清水混凝土和大樓換氣用的固定窗組合，打造出極具特色的住宅外觀。

融合現代風格的和風設計

住宅基地位於保有多數古老旅館的文京區本鄉地區。屋主非常喜愛此區的街道氛圍，所以設計一個能夠隨時感受街道氣息的住宅外觀。

突出在堅固RC造建築外的木板張貼和室，為室內外打造出恰到好處的比例，從外觀就能感受到舒適的住宅生活。

建築概要
基地面積／72.99㎡
總樓地板面積／100.12㎡
設計／NIKO設計室
案名／宗次家族的家

由RC造及鐵骨造組合構成的三層樓住宅。外觀由木製格柵門扇的和風氣息，和冷冽的水泥素材組合而成。

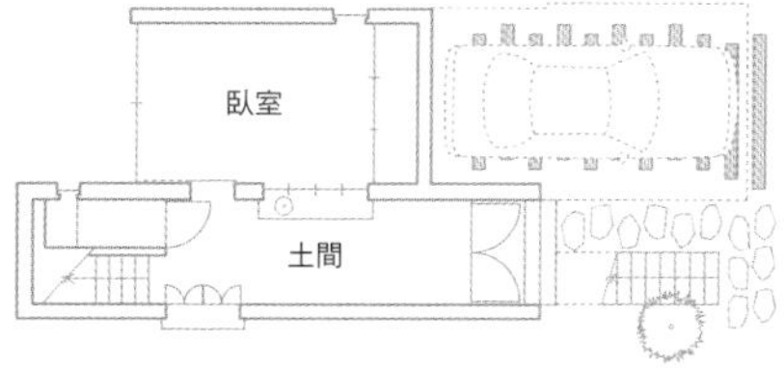

從屋頂、牆壁到地板都呈現直角曲折的家

呈現直角曲折將屋頂、外牆，一直到地板包覆的外觀構造，是這棟住宅主要的構成要素。以「內部創造與區域的區分」為設計主題，打造出現在的住宅構造。

不僅擁有住宅的基本機能，也是一個完整獨立家族的象徵。

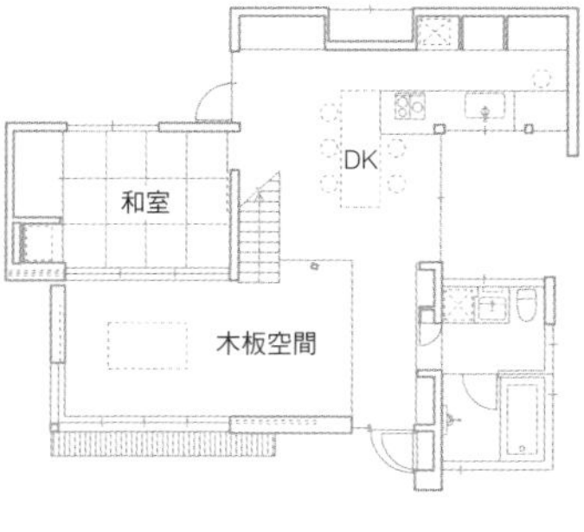

建築概要
基地面積／237.96㎡
總樓地板面積／111.29㎡
設計／H.A.S. Market
案名／STH

在外部視線較多的方向減少開口部設置，而視野極佳的方向則設置大面積開口部。並且配置露台，彷彿和室外連結在一起。

生動的直線設計

正面寬度4m，深度11.5m，彷彿「鰻魚的睡床」般的細長型土地，是一塊14坪不到的狹小基地。因為受道路斜線制定[※1]的影響，將靠近道路側的牆面頂部斜面削去，因而打造出從地面斜向建築頂部的傾斜外觀設計。

建築概要
基地面積／72.21㎡
總樓地板面積／47.12㎡
設計／石井秀樹建築設計事務所
案名／小金井的家

建築外觀由Jolypate[※2]塗裝，呈現出凹凸紋理的效果。

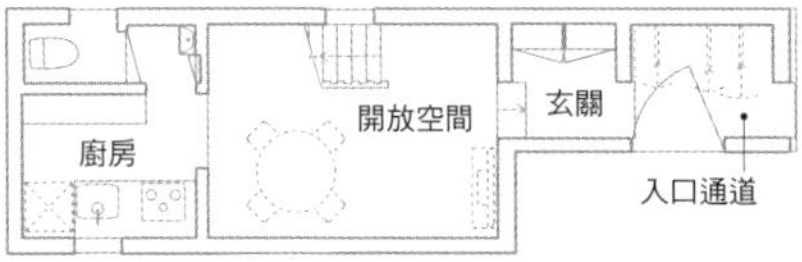

活用塗裝素材感的外觀設計

這是一棟面向北側道路的都市住宅。極力減少窗戶的設置以遮蔽外部視線，也為室內帶來陰影變化的效果。

外牆採用粗糙觸感的塗裝材料，並藉由各種塗裝材的組合搭配帶來深淺變化。另外還加入大小不同的砂粒，並以砂岩漆塗裝工法塗裝，使牆面的質感大為提升。

建築概要
基地面積／105.80㎡
總樓地板面積／159.98㎡
設計／MDS一級建築士事務所
案名／東山的家

R字形的玄關，具有塗裝材的質感與深奧感。

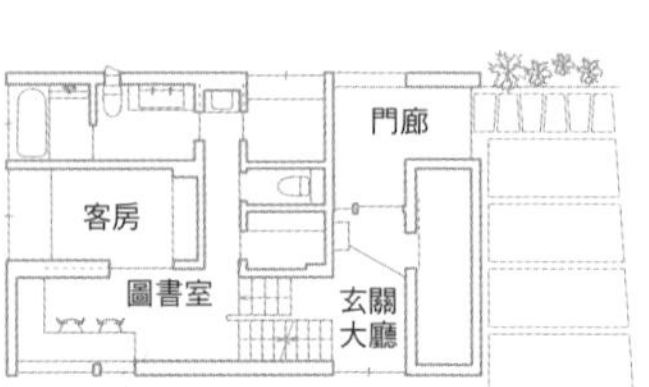

※1斜線制定：一種為了保護市街環境而訂定的建築物高度、位置的一種限制法規。其中的「道路斜線限制」是確保道路上空部一定角度的法規。
※2 Jolypate：一種由砂混和灰泥組成的低汙染牆壁塗裝材。

引人進入室內的門扇設計。為平滑的水泥牆面帶來嶄新的表情。

帶有透明感的門扇彷彿向街道敞開

想保留清水混凝土的時尚感，又不想賦予街道過於冷峻封閉的印象，因此如何打造出平易近人的外觀便成為設計的重點。於是將外牆挖出一個入口，並裝上具有通透感的格柵門。由此而生的柔和感及深奧感，營造出具有節奏的外觀設計。

建築概要
基地面積／119.09㎡
總樓地板面積／118.4㎡
設計／八島建築設計事務所
案名／弦卷的家

將外牆貼上側柏木板，打造出充滿溫度的外觀設計。

兩道玄關設計加強防盜功能

這是一棟蓋在寬敞基地上的住宅。為了提高防盜性，將基地入口與住宅距離拉開，配置小巧的開口部，並且設置花旗松木的縱向格柵門。

外牆使用高耐水性的花旗松木材。自然氣息的木頭材質，營造出柔和的外觀印象，降低對於街道的壓迫感，讓住宅自然地融入街道裡。

建築概要
基地面積／727.22㎡
總樓地板面積／199.27㎡
設計／八島建築設計事務所
案名／鴨居的家

有如閃耀魚鱗般的獨創設計

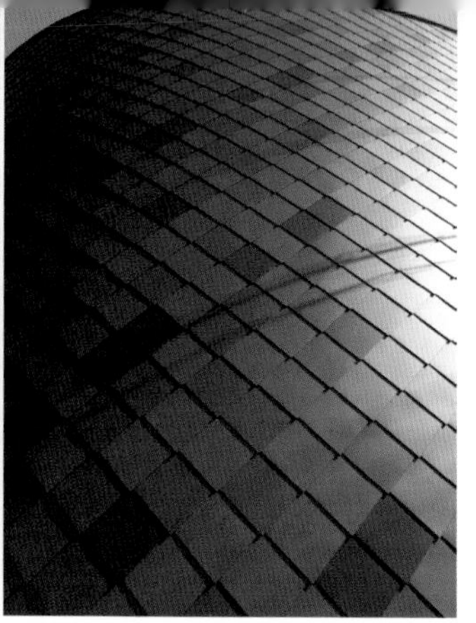

沐浴在陽光下的住宅，鍍鋁鋅鋼板呈現出豐富的表情變化。

考慮到曲面設計需要的柔軟性、保養方便性及耐久性，因此決定用鍍鋁鋅鋼板當作外裝材料。

外牆採用將菱形鋼板斜向鋪設而成。曲面的連續鋪設，將建築物全體包覆起來。並利用不同顏色的鋼板，為住宅外觀帶來深淺變化。

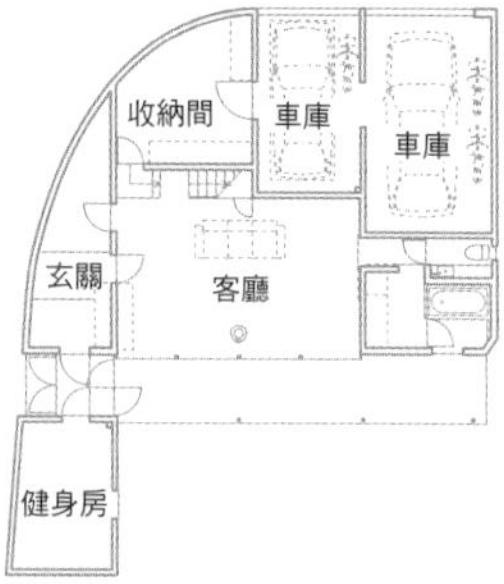

建築概要
基地面積／226.21㎡
總樓地板面積／272.58㎡
設計／佐藤宏尚建築設計事務所
案名／uroko

沿著梯形窗戶設計的外觀

為了避開北側斜線制定，以及確保室內足夠的居住空間，因此將一樓地板到屋頂設計成大膽的斜面造型。並設置梯形的窗戶，讓室內保持良好的採光與通風。

為了要呈現出梯形窗戶的美感，在靠近室內側設置半透明的拉門。不僅能守護隱私，也將柔和的光線引進室內。

建築概要
基地面積／235.09㎡
總樓地板面積／149.01㎡
設計／桑原茂建築設計事務所
案名／trifurcation

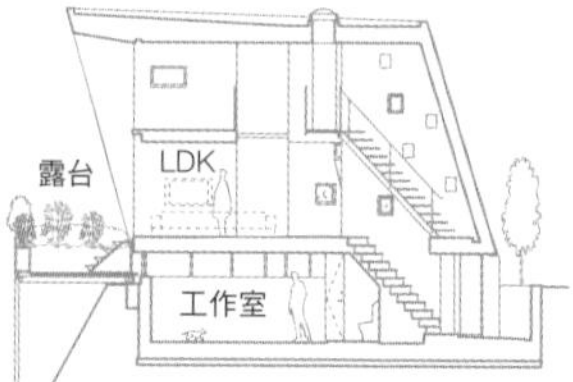

外牆是鍍鋁鋅鋼板，窗戶則採用大樓用的鋁製窗框。

Chapter 3
決定
住宅的調性

3-3
車庫
和愛車一起愉快地生活

介紹各種擺放愛車的
車庫設計。
和書房或土間的一體化空間設計
也是一種新穎的趨勢。

利用挑高從多個方向欣賞愛車

建築概要
基地面積／91.4㎡
總樓地板面積／114.8㎡
設計／ageha.
案名／macchina

這是一棟以車子為主角建造的住宅。

在天花板高6.3m的大空間裡設置跳躍式樓層，打造出兩個挑高設計。在其中一個挑高空間中設置車輛升降裝置，以便容納多台愛車。

另一邊則保留超大挑高空間，為車庫整體打造出開放感。

可以從上方、旁邊或是正前方等各種角度欣賞愛車。

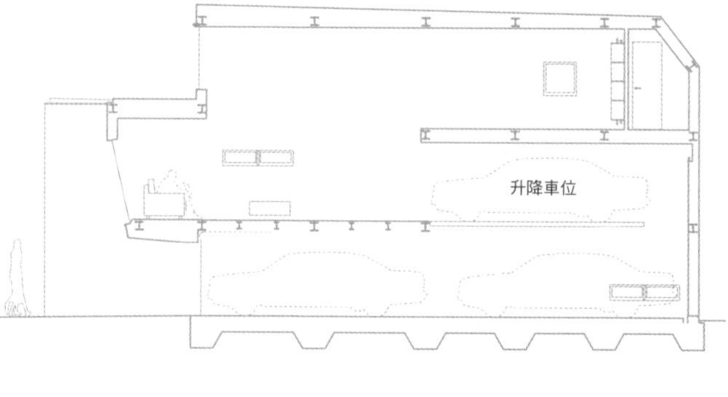

鋪設石磚的微傾斜地下停車場

因為基地的地勢高於地面約1m，因此配置了斜坡與地下停車場。

在地板鋪設石磚（切成約為10cm的正方體石磚），打造出由磁磚無法構成的緩和坡度。讓底盤較低的車輛也能順利停車，避免摩擦到底盤。

另外，將鐵捲門的底部往地下挖10cm，即使降雨水位高於沖孔金屬板也能防止流入室內。並且在鐵捲門底部設計排水裝置，讓車庫擁有雙重排水功能。

建築概要
基地面積／122.45㎡
總樓地板面積／165.20㎡
設計／LEVEL Architects
案名／尾山台的住宅2

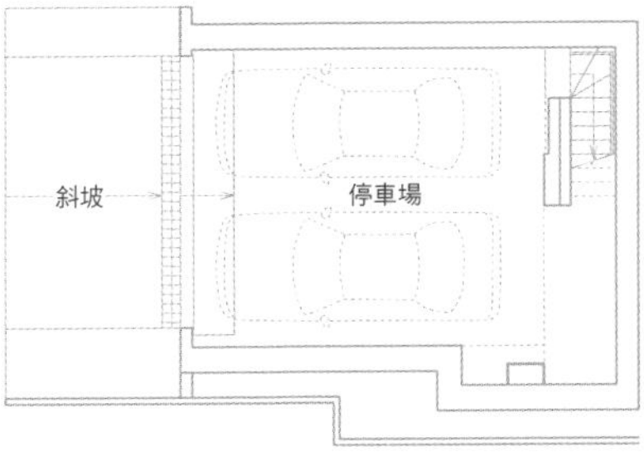

在車庫內部的RC牆上裝置照明。燈光與屋主的愛車相互輝映。

能容納夫婦兩人摩托車的土間

建築概要
基地面積／126.72㎡
總樓地板面積／94.86㎡
設計／H.A.S. Market
案名／SOH

這是一棟能夠停放夫婦兩人摩托車的住宅。

屋主期望擁有一個能夠停放摩托車的寬敞玄關、屋簷下空間、和中庭相連的明亮浴室，以及寬敞舒適的客廳。

確認與鄰宅之間的配置與距離後，決定在西南側設置開放空間，並在玄關土間設置超大開口部，往室外敞開。這個玄關彷彿橫貫在室內空間之中，不僅打造出和鄰宅間的空間，也將室內外連結起來。

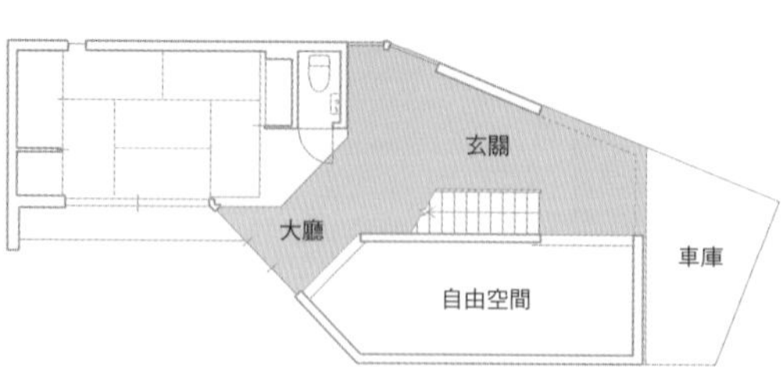

設計成土間空間的玄關，足夠放置兩台摩托車。和鄰宅之間的空隙，成為小小的公共空間。

拉近與車子距離感的車庫

這是一棟位於充滿綠意的閑靜住宅區裡的二代同堂住宅。為了減少街道的壓迫感，於是將建築物分割成三個箱子。

在東側箱子的一樓配置室內車庫。能夠和室內直接連結的設計，回到家中愛車也能長伴左右。

另外，在車庫裝置電動的木製升降門。深褐色的木門與灰色外牆的搭配，打造出冷冽的外觀設計。

建築概要
基地面積／118.00㎡
總樓地板面積／137.72㎡
設計／MDS一級建築士事務所
案名／荻窪的家

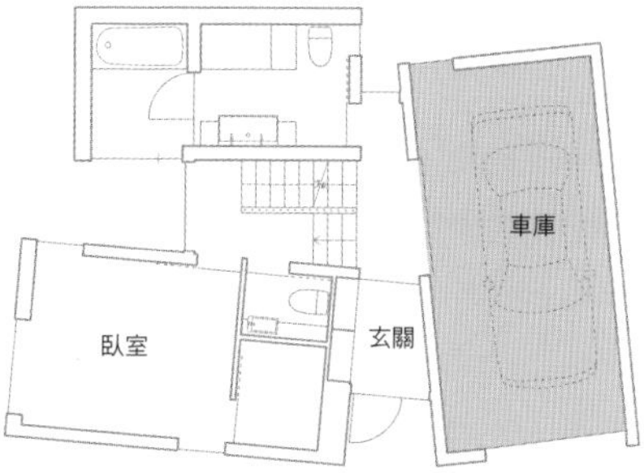

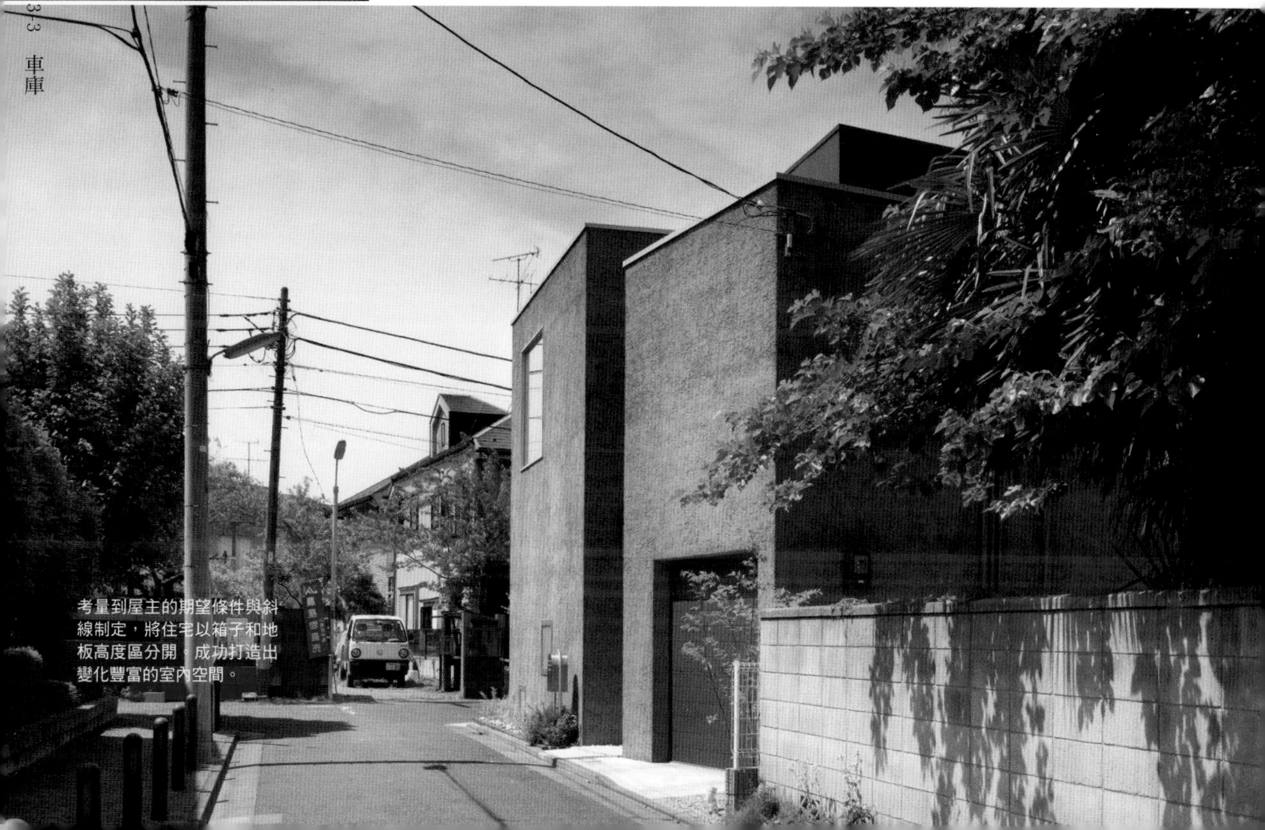

考量到屋主的期望條件與斜線制定，將住宅以箱子和地板高度區分開，成功打造出變化豐富的室內空間。

橫拉式柵門確保採光與通風

橫拉式的柵門是TOEI的商品。利用跳躍式樓層將每層樓連接起來。

這是一棟由黑色與白色的兩個長方體構成的住宅。車庫設置於二樓露台的下方。露台的陽光透過沖孔金屬板下的玻璃板，撒下柔和的光線。

在靠近道路一側設置橫拉式的柵門，不僅能保持良好的通風與採光，也確保住宅的安全性。

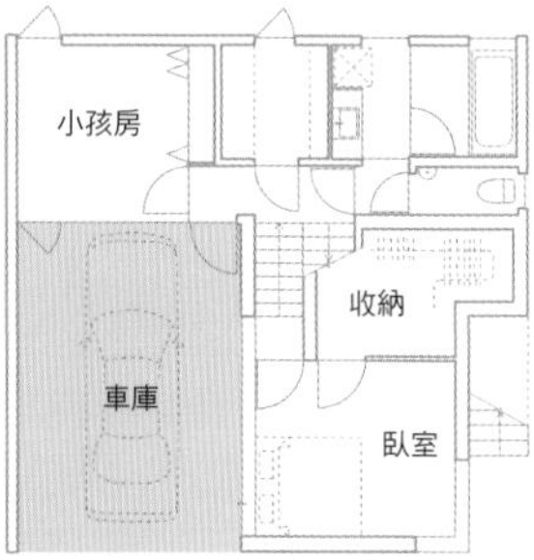

建築概要
基地面積／93.33㎡
總樓地板面積／110.59㎡
設計／佐藤宏尚建築設計事務所
案名／steps

小巧的空間也能擁有寬敞感

住宅位於正面寬度約2.36m，長度12m的細長型基地上。為了能打造出寬敞的空間，在住宅中央配置挑高的樓梯間，並藉由跳躍式樓層連接每層樓。

配置寬敞的玄關大廳，兼用車庫空間。由挑高天井灑落的光線，溫暖迎接歸宅的家人。

講究牆面的質感，盡量減少線條，打造出簡約風的住宅正面。

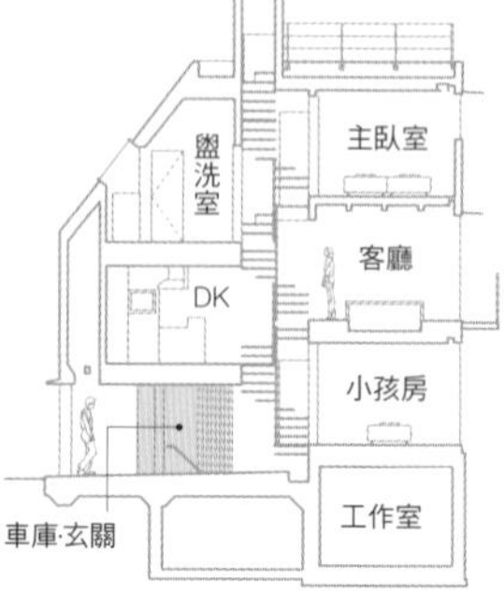

建築概要
基地面積／55.43㎡
總樓地板面積／112.57㎡
設計／LEVEL Architects
案名／四谷三丁目的住宅

懸臂樑打造的車庫空間

這一棟住宅的正面外觀，是由木製格柵張貼7.2m高度所構成。上部由懸臂樑（cantilever）支撐，正下方是敞開的車庫，而車庫內側則配置了玄關。RC造的懸臂樑，為住宅外觀營造出奇妙的漂浮感，也更凸顯格柵的美感。

格柵的木條寬度為20㎜，間隔則設定15㎜。

建築概要
基地面積／44.57㎡
總樓地板面積／101.44㎡
設計／APOLLO
案名／LATTICE

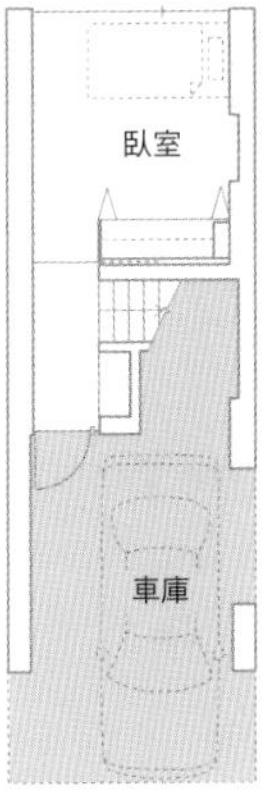

擁有窗戶及書房的車庫

為喜愛車子的屋主，在一樓配置車庫和書房的一體空間。將書房的地板往下挖，讓原本的地板成為書桌，並且和停車場的地板連續。

充滿設計感的斜支柱，在這個家中非常具有存在感。不僅能提高耐震性，在房屋結構方面，也因此能配置更多窗戶。

建築概要
基地面積／65.27㎡
總樓地板面積／109.13㎡
設計／佐藤宏尚建築設計事務所
案名／斜支柱的家

斜支柱可以提高耐震性，也能夠設置更多開口部。

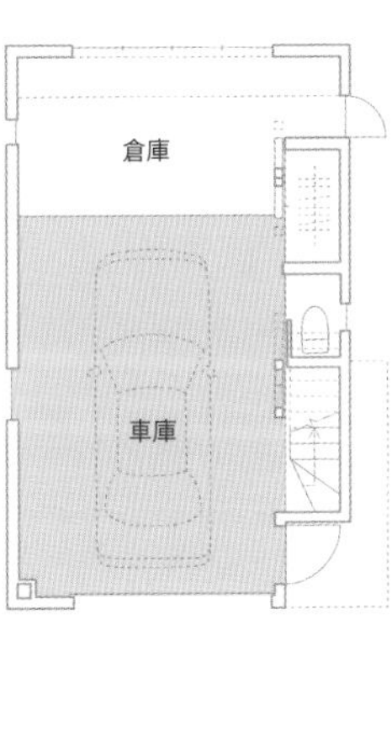

建築師 INDEX

事務所名	建築師名	電話號碼	住所	MAIL
ageha.	竹田和正·山上里美	03-6904-3515	東京都港区西麻布2-12-1-901	info@ageha.ch
株式会社APOLLO	黒崎 敏	03-6272-5828	東京都千代田区二番町5-25 二番町テラス#1101	HPメールフォームより
石井秀樹建築設計事務所	石井秀樹	03-5422-9173	東京都渋谷区 広尾5-23-5 201号	info@isi-arch.com
imajo design	今城敏明·由紀子	03-5432-9265	東京都世田谷区 駒沢1-7-13-104	info@imajo-design.com
MDS一級建築士事務所	森 清敏·川村奈津子	03-5468-0825	東京都港区南青山5-4-35 #907	info@mds-arch.com
奥野公章建築設計室	奥野公章	03-3461-7203	東京都目黒区青葉台2-17-12 メゾン青葉台301	info@okuno-room.com
オンデザインパートナーズ	西田 司	045-650-5836	横浜市中区弁天通6-85 宇徳ビル401	nishida@ondesign.co.jp
桑原茂建築設計事務所	桑原 茂	044-281-9961	神奈川県川崎市麻生区 上麻生3-10-55	info@swerve.jp
佐藤宏尚 建築デザイン事務所	佐藤宏尚	03-5443-0595	東京都港区三田4-13-18 三田ヒルズ2F	webmaster@synapse.co.jp
充総合計画 一級建築士事務所	杉浦 充	03-6319-5806	東京都目黒区中根2-19-19	sugiura@jyuarchitect.com
都留理子建築設計スタジオ	都留理子	044-272-6932	神奈川県川崎市高津区下作延	HPメールフォームより
直井建築設計事務所	直井克敏·徳子	03-6806-2421	東京都千代田区外神田5-1-7 五番館4F	contact@naoi-a.com
ニコ設計室	西久保毅人	03-3220-9337	東京都杉並区上荻1-16-3 森谷ビル5F	niko@niko-arch.com
H.A.S.Market	長谷部 勉	03-6801-8777	東京都文京区本郷4-13-2 本郷斉藤ビル4F	webmaster@hasm.jp
村田淳建築研究室	村田 淳	03-3408-7892	東京都渋谷区神宮前2-2-39 外苑ハウス127号	info@murata-associates.co.jp
LEVEL Architects	中村和基·出原賢一	03-3776-7393	東京都品川区大井1-49-12-305	info@level-architects.com
八島建築設計事務所	八島正年·夕子	045-663-7155	神奈川県横浜市中区 山手町8-11-B1	info@yashima-arch.com

裝潢建材品牌資料一覽

店名	電話號碼	URL	刊載頁數
E&Y	03-3481-5518	http://www.eandy.ctom	P42（3、4）
hhstyle.com 青山本店	03-5772-1112	http://www.hhstyle.com	P42（1）、P43（6）、P70（1、5）、P71（7）、P72（2）
カッシーナ・イクスシー	03-5474-9001	http://www.cassina-ixc.jp	P43（7）
カール・ハンセン&サン ジャパン	03-5413-6771	http://www.carlhansen.jp	P70（2）
参創ハウテック ekrea マーケティング室	03-5940-0525	http://www.ekrea.net	P138（1）
セラトレーディング	03-3796-6151	http://www.cera.co.jp	P140（3、5）
TIME & STYLE MIDTOWN	03-5413-3501	http://www.timeandstyle.com	P70（3）
大洋金物 Tform	060-6632-8777	http://www.tform.co.jp	P140（1、4）
TOYO KITCHEN STYLE	03-6438-1040	http://www.toyokitchen.co.jp	P40（2）、P42（2、5）、P72（1、3）、P140（2）、P141（6、7）
平田タイル	03-5308-1130	http://www.hiratatile.co.jp	P138（2、4）
BUILDING	03-6451-0640	http://www.building-td.com	P40（4）、P72（4）
フリッツ・ハンセン日本支社	03-5778-3100	http://www.fritzhansen.com	P40（3）、P70（4）
マルニ木工	03-5614-6598	http://www.maruni.com	P71（6）
Minotti COURT	03-5778-0232	http://www.minotti.jp	P40（1、5）、P73（6）
MoMA DESIGN STORE	03-5468-5801	http://www.momastore.jp	P41（6）
リビエラ	0120-148-845	http://www.riviera.jp	P138（3）
ligne roset tokyo	03-5549-9012	http://www.ligneroset.jp	P41（7）、P72（5）

PROFILE

ザ・ハウス（The House）

創始於2000年「介紹建築師服務」。
根據不同的基地、家族成員及生活方式，打造出的舒適隔間或裝潢方式也會有所不同。
為了能成功打造出無可替代的住宅，除了設計風格之外，找到和自己的想法相符的合作對象是非常重要的。
我們仔細聆聽每個客人的聲音，並且已經協助1050個家庭打造出心中的住宅。
每個住宅都有自己的故事，而這些故事是由建築師和屋主一家編織而成。
希望這些資訊，對於開始要打造家園的您能有所幫助。
最後，由衷感謝參與本書製作的建築師們，以及X-Knowledge公司的工作人員，以及購讀本書的讀者們。

TITLE

大師如何設計：205種魅力裝潢隔間提案

STAFF

出版　瑞昇文化事業股份有限公司
作者　ザ・ハウス（The House）
譯者　元子怡

總編輯　郭湘齡
責任編輯　黃美玉
文字編輯　黃思婷
美術編輯　謝彥如
排版　執筆者設計工作室
製版　明宏彩色照相製版股份有限公司
印刷　桂林彩色印刷股份有限公司
法律顧問　經兆國際法律事務所　黃沛聲律師

戶名　瑞昇文化事業股份有限公司
劃撥帳號　19598343
地址　新北市中和區景平路464巷2弄1-4號
電話　(02)2945-3191
傳真　(02)2945-3190
網址　www.rising-books.com.tw
Mail　resing@ms34.hinet.net

初版日期　2015年4月
定價　380元

國家圖書館出版品預行編目資料

大師如何設計：205種魅力裝潢隔間提案 /
ザ・ハウス(The House)作；元子怡譯. -- 初版.
-- 新北市：瑞昇文化, 2015.04
224面； 22.2 x 18.2 公分
ISBN 978-986-401-016-5(平裝)

1.家庭佈置 2.室內設計 3.空間設計

422.5　　104004517